대한수리논리학회　수리논리 연구 시리즈 3

집합과 수의 체계

Set Theory and Number Systems

계승혁 지음

KM 경문사

동영상 강의 안내

https://han.gl/cGsynN

머리말

수천 년에 이르는 수학의 긴 역사에 비추어볼 때, 집합론은 어느날 갑자기 생겨난 새로운 분야이다. 그러나 집합론은 세상에 나오자마자 수학을 공부하는 사람이라면 누구나 알아야 하는 기본이 되었다. 실제로 19세기 후반 집합론이 나온 이후 20세기 이후의 거의 모든 수학은 집합에 그 기반을 두게 되었으며, 집합은 수학을 기술하는 언어로 자리잡았다.

수학은 기존에 알고 있던 내용으로부터 새로운 내용을 논리적으로 구성하는 학문이다. 따라서, 끊임없이 '왜'라는 질문을 던지게 되며, 도대체 어디에서부터 논의를 시작해야 하는가, 어디까지 당연한 것으로 받아들여야 하는가 하는 문제에 부딪히게 되는데, 결국 집합론에 이르게 된다. 그러므로 집합론은 논리학뿐 아니라 인간의 '앎'이란 무엇인가 하는 보다 깊은 철학적인 문제와 맞닿게 된다.

이 책의 목적은 수학을 공부하는 데에 꼭 필요한 언어를 배우는 것이다. 본격적인 집합론을 체계적으로 공부하는 것은 아니기 때문에, 어려운 개념이나 기호는 피하고 모든 논의를 상식적인 선에서 시작한다. 처음에는 대부분의 집합론 교재에서 첫머리에 나오는 공리조차 언급하지 않고 그냥 받아들인다.

이 책의 또 다른 목적은 자연수, 정수, 유리수, 실수 등을 구성하는 것이다. 공집합 $\varnothing$에서 출발하여 자연수를 구성할 뿐 아니라 초등학교에서부터 배우는 더하기와 곱하기를 '정의'하고 결합법칙과 교환법칙 및 배분법칙 등을 '증명'하게 된다. 이를 바탕으로 정수, 유리수, 실수를 구성하고, 고등미적분이나 해석개론에서 대개 공리로 받아들이는 '완비성 공리'를 증명한다.

집합론의 핵심은 무한집합의 성질을 공부하는 것인데, 이 책에서는 그 초보적인 내용을 공부한다. 자연수가 가지는 기능의 핵심은 순서를 매기고 개수를 세는 것이다. 무한집합에 대하여 이러한 일을 할 수 있는 새로운 '무한수'를

iv

도입하게 되면서부터 인류는 그 전에 감히 들여다볼 수 없었던 '무한'의 세계를 좀더 자세히 이해할 수 있게 되었다.

이 책은 이러한 세 가지 목적에 부합되도록 구성되었다. 먼저 제1장에서 집합의 연산, 함수, 그리고 수학에서 가장 기본인 동치관계 및 순서 등 모든 분야의 수학에서 필수적으로 사용되는 용어들을 정의하고 간단한 성질을 살펴본다. 이를 통하여 수학에서 가장 기본적인 언어인 '같다', '크다', '작다' 등의 개념을 명확하게 할 수 있다. 이를 바탕으로 제2장에서 자연수, 정수, 유리수, 실수 등 수집합을 구성하고 이들의 연산과 순서를 정의한다. 실수의 구성은 데데킨트와 칸토어의 방법 두 가지를 살펴보는데, 두 가지 방법은 결국 같은 결론에 다다르게 된다. 제3장에서 이 책의 핵심인 무한집합을 공부하는데, 무한집합의 순서와 개수를 세는 서수 및 기수를 도입하고 그 성질을 알아본다. 끝으로, 제4장에서 이 책에서 사용한 공리들에 대하여 잠시 살펴본다.

지난 2002년 집합론 관련 과목을 강의할 기회가 있었는데, 이 책은 당시 강의록을 기본으로 한 것이다. 그 후, 서너 차례 같은 과목을 강의하는 동안 많은 수강생들이 여러 가지 오타 및 잘못을 지적하여 주었는데, 먼저 이들에게 고마움을 표한다. 이 외에도 포항공대 김현광 교수가 이 강의록으로 강의하면서 좋은 제안들을 해준 데 대하여 감사드린다. 또한, 이 강의를 하는 동안 귀찮은 질문에 친절하게 응해주신 경북대 정주희 교수와 연세대 기하서 교수께 감사드린다. 이처럼 많은 분들의 도움을 받았지만 이 책에 오류가 있다면 그건 전적으로 필자의 몫이다. 강의록을 쓴 지 십 년도 지나서 책으로 내게 된 데에는 연세대 김병한 교수의 권유가 큰 힘이 되었는데, 그간의 격려에 감사드린다. 끝으로, 책 조판에 따른 기술적인 문제를 도와준 권현우 군께 감사드린다.

2015년 5월

차례

3장 무한집합

4장 공리계

이 장에서는 집합론, 나아가서 모든 분야의 수학에서 기본이 되는 몇 가지 개념을 소개한다. 이미 알고 있는 합집합, 교집합, 차집합 등 집합의 기본적인 연산부터 시작하여, 전단사함수와 역함수의 성질과 여러 가지 예를 공부한다. 특히, 함수의 개념을 이용하여 임의의 집합족에 대한 곱집합을 정의한다. 수학에서 가장 기본되는 개념은 '같다' '크다' '작다' 등이다. 이 중 '같다'라는 개념을 보다 엄밀하게 설명하는 것이 동치관계인데 이를 분할과 관련하여 1.3절에서 공부하고, 이어서 순서관계의 기본을 1.4절에서 공부한다. 이러한 동치관계와 순서관계는 다음 장에서 자연수로부터 정수, 유리수, 실수를 구성할 때에 필수적인 도구이다.

1.1 명제와 집합

문장들 가운데 참 또는 거짓인 것을 명제라 한다. 예를 들어 『5는 자연수이다』와 같은 문장은 명제이다. 명제 p가 주어져 있을 때 『p가 아니다』라고 주장하는 것을 그 명제의 **부정**이라 하고, 이를

$$\neg p$$

로 나타낸다. 예를 들어, p가 『5는 자연수이다』를 나타낸다면 $\neg p$는 『5는 자연수가 아니다』가 된다. 명제 p가 참이면 그 부정 $\neg p$는 거짓이고, p가 거짓이면 $\neg p$는 참이다. 이를 일목요연하게 다음

p	$\neg p$
T	F
F	T

과 같이 표로 나타낼 수 있는데, 이를 진리표라고 한다. 이제 명제 $\neg(\neg p)$의 진리표를 만들어보면

p	$\neg p$	$\neg(\neg p)$
T	F	T
F	T	F

이다. 따라서 다음 두 명제

$$p, \qquad \neg(\neg p)$$

의 옳고 그름은 같다.

두 명제 p, q에 대하여 『p 또는 q』, 『p 그리고 q』를 생각할 수 있는데, 이를 각각

$$p \lor q, \qquad p \land q$$

로 나타낸다. 예를 들어, 『18은 4의 배수이거나 6의 배수이다』는

$$[18은 4의 배수이다] \lor [18은 6의 배수이다]$$

를 나타낸다. 이 경우, p와 q 가운데 적어도 하나가 참이면 $p \lor q$도 참이다. 명제

$p \wedge q$는 p와 q 둘 다 참인 경우에 한하여 참인데, 이를 진리표로 나타내면 다음

p	q	$p \vee q$		p	q	$p \wedge q$
T	T	T		T	T	T
T	F	T		T	F	F
F	T	T		F	T	F
F	F	F		F	F	F

과 같다. 이를 이용하여 다음 두 명제

$$(p \vee q) \vee r, \qquad p \vee (q \vee r)$$

의 옳고 그름이 일치하는지 알아보자. 진리표를 만들면

p	q	r	$p \vee q$	$(p \vee q) \vee r$	$q \vee r$	$p \vee (q \vee r)$
T	T	T	T	T	T	T
T	T	F	T	T	T	T
T	F	T	T	T	T	T
T	F	F	T	T	F	T
F	T	T	T	T	T	T
F	T	F	T	T	T	T
F	F	T	F	T	T	T
F	F	F	F	F	F	F

이므로 $p \vee (q \vee r)$와 $(p \vee q) \vee r$의 옳고 그름이 같다.

문제 1.1.1. 다음 두 명제의 옳고 그름이 같음을 보여라.

(가) $p \vee q$, $q \vee p$

(나) $p \wedge q$, $q \wedge p$

(다) $(p \wedge q) \wedge r$, $p \wedge (q \wedge r)$

(라) $p \wedge (q \vee r)$, $(p \wedge q) \vee (p \wedge r)$

(마) $p \vee (q \wedge r)$, $(p \vee q) \wedge (p \vee r)$

이제 『p 또는 q』의 부정을 생각하면 당연히 『p도 아니고 q도 아니다』, 즉 『$(\neg p)$ 그리고 $(\neg q)$』이다. 예를 들어, 『그곳에는 풀이나 나무 가운데 적어도 한 가지는 있었다』를 부정하면 『그곳에는 풀 한 포기도 나무 한 그루도 없었다』가 된다. 즉, 두 명제

$$\neg(p \vee q), \qquad (\neg p) \wedge (\neg q)$$

의 옳고 그름이 같다는 것인데, 다음

p	q	$p \lor q$	$\neg(p \lor q)$	$\neg p$	$\neg q$	$(\neg p) \land (\neg q)$
T	T	T	F	F	F	F
T	F	T	F	F	T	F
F	T	T	F	T	F	F
F	F	F	T	T	T	T

과 같이 진리표를 만들어보면 확인할 수 있다.

문제 1.1.2. 진리표를 이용하여 $\neg(p \land q)$와 $(\neg p) \lor (\neg q)$의 옳고 그름이 같음을 확인하여라.

주어진 명제 p, q에 대하여 『p이면 q』를 기호로

$$p \longrightarrow q$$

라고 표시한다. 이 명제를 부정하려면 p는 성립하지만 q는 성립하지 않는다는 것을 말해야 한다. 즉, 다음 두 명제

$$\neg(p \longrightarrow q), \qquad p \land (\neg q)$$

는 옳고 그름이 같다. 따라서 위 명제들의 부정을 다시 써보면, 다음 두 명제

$$p \longrightarrow q, \qquad (\neg p) \lor q$$

는 옳고 그름이 같음을 알 수 있다. 이를 진리표로 나타내면 다음

p	q	$\neg p$	$(\neg p) \lor q$	$p \longrightarrow q$
T	T	F	T	T
T	F	F	F	F
F	T	T	T	T
F	F	T	T	T

과 같다. 따라서 p가 거짓이면 $p \to q$는 항상 참이다.

문제 1.1.3. 명제 $p \longrightarrow q$와 그 대우 $(\neg q) \longrightarrow (\neg p)$의 옳고 그름이 같음을 보여라.

문제 1.1.4. 명제 p, q에 대하여 $p \longrightarrow (p \lor q)$와 $(p \land q) \longrightarrow p$는 모두 참임을 보여라.

그런데 문장 가운데 『x는 6의 약수이다』와 같이 변수 x에 특정한 경우를 대입했을 때 명제가 되는 경우가 있는데, 이러한 문장을 **조건**이라 한다. 이때, 이

조건이 참인 x들의 집합을 생각할 수 있는데, 이를 해당 조건의 **진리집합**이라고 부른다. 예를 들어, 위에서 제시한 조건의 진리집합은

$$P = \{x : x \text{ 는 6의 약수}\}$$

이다. 이 경우, 『$x \in P$』라고 말하는 것이나 『x는 6의 약수』라고 말하는 것이나 마찬가지이다. 집합을 기술할 때 이미 알고 있는 집합을 상정하고 그 집합의 원소들 가운데 특정 조건을 만족하는 원소들을 모음으로써 집합을 구성하는 경우가 많다. 이와 같이 **전체집합** U를 가정하고 있는 경우, 조건 $p(x)$가 집합 U에서 정의되어 있다고 말한다. 위 조건은 자연스레 자연수 전체의 집합[1] $\mathbb{N}$에서 정의되어 있다고 이해할 수 있고, 그 진리집합은

$$P = \{x \in \mathbb{N} : x \text{ 는 6의 약수}\} = \{1, 2, 3, 6\}$$

이다. 이때, 진리집합 P는 자연수들 가운데 6의 약수들을 모은 집합이라고 이해한다.

두 집합 A와 B에 대하여 다음

$$x \in A \longleftrightarrow x \in B$$

이 참일 때[2] 두 집합이 같다고 하고, 이를 $A = B$로 쓴다. 또한, 다음

$$x \in A \longrightarrow x \in B \tag{1.1}$$

을 만족할 때 $A \subset B$라 쓰고, A를 B의 **부분집합**이라 부른다. 만일 $A \neq B$이면서 $A \subset B$이면, A를 B의 **진부분집합**이라 부른다.

집합 A에 대하여

$$A^c = \{x : x \notin A\}$$

라 정의하고, A^c를 A의 **여집합**이라 부른다. 만일 조건 p의 진리집합이 P이면 그 부정 $\neg p$의 진리집합은 P^c이다. 비어 있는 집합, 즉 아무런 원소도 가지지

---

[1] 자연수, 정수, 유리수, 실수에 대해서는 다음 장에서 자세히 공부한다. 그러나 여러 가지 예를 드는 경우 어릴 때부터 알고 있는 여러 가지 수의 성질들은 아는 것으로 간주한다.

[2] $(p \to q) \wedge (q \to p)$를 $p \longleftrightarrow q$로 나타낸다.

않는 집합을 $\varnothing$으로 표시하고 이를 **공집합**이라 부른다. 여집합에 대하여 다음

$$\varnothing^c = U, \quad U^c = \varnothing$$
$$A \cup A^c = U, \quad A \cap A^c = \varnothing \tag{1.2}$$
$$(A^c)^c = A$$

이 성립하는데, 마지막 등식은

$$x \in (A^c)^c \iff \neg(x \in A^c) \iff \neg(\neg x \in A) \iff x \in A$$

와 같이 증명하면 된다.[3]

두 집합 A, B에 대하여 그 **합집합** $A \cup B$와 **교집합** $A \cap B$를 각각

$$A \cup B = \{x : x \in A \lor x \in B\}$$
$$A \cap B = \{x : x \in A \land x \in B\}$$

라 정의한다. 따라서 조건 p, q의 진리집합이 각각 P, Q이면 조건 $p \lor q$와 $p \land q$의 진리집합은 각각 $P \cup Q$와 $P \cap Q$이다.

이제 합집합과 교집합의 성질들

$$A \cup \varnothing = A, \quad A \cap \varnothing = \varnothing$$
$$A \cup B = B \cup A, \quad A \cap B = B \cap A$$
$$A \cup (B \cup C) = (A \cup B) \cup C, \quad A \cap (B \cap C) = (A \cap B) \cap C$$
$$A \cup A = A, \quad A \cap A = A$$
$$A \cap (B \cup C) = (A \cap B) \cup (A \cap C), \quad A \cup (B \cap C) = (A \cup B) \cap (A \cup C)$$
$$(A \cup B)^c = A^c \cap B^c, \quad (A \cap B)^c = A^c \cup B^c$$

$$\tag{1.3}$$

을 열거하여 보자. 등식 $(A \cup B)^c = A^c \cap B^c$를 증명하기 위해서는 다음

$$x \in (A \cup B)^c \iff \neg(x \in A \lor x \in B)$$
$$\iff (x \notin A) \land (x \notin B)$$
$$\iff (x \in A^c) \land (x \in B^c)$$
$$\iff x \in A^c \cap B^c$$

과 같이 살펴보면 된다.

---

[3] $p \to q$가 참일 때 $p \implies q$라 쓰고, $p \implies q$와 $p \impliedby q$를 합쳐서 $p \iff q$로 쓴다.

문제 1.1.5. 위 (1.3)에 나오는 등식들을 증명하여라.

문제 1.1.6. 다음을 증명하여라.

(가) $A \subset B \Longleftrightarrow A \cup B = B, \quad A \subset B \Longleftrightarrow A \cap B = A$
(나) $A \subset B \Longleftrightarrow B^c \subset A^c$

조건 $p(x)$의 진리집합이 P라 하자. 명제 『어떤 x에 대하여 $p(x)$』는 $P \neq \varnothing$ 와 같은 뜻이므로, 이를 부정하면 $P = \varnothing$ 이고, 이를 다시 쓰면 $P^c = U$이다. 따라서

$$U = P^c = \{x \mid \neg p(x)\}$$

이고, 이를 풀어 쓰면 『임의의 x에 대하여 $\neg p(x)$』가 된다. 따라서 다음 두 명제

$$\neg[\text{어떤 } x \text{에 대하여 } p(x)], \qquad \text{임의의 } x \text{에 대하여 } \neg p(x)$$

는 그 옳고 그름이 같다. 마찬가지로 다음 두 명제

$$\neg[\text{임의의 } x \text{에 대하여 } p(x)], \qquad \text{어떤 } x \text{에 대하여 } \neg p(x)$$

역시 그 옳고 그름이 같다. 명제 『어떤 x에 대하여 $p(x)$』는 『$p(x)$를 만족하는 x가 존재한다』와 마찬가지 말이다.

예를 들어, 『임의의 음수 $a < 0$에 대하여 $x \geq a$이다』는 변수 x에 관한 조건인데, 이를 부정하면 『$x < a$인 음수 $a < 0$이 존재한다』가 된다. 만일 다음 명제

$$\text{임의의 음수 } a < 0 \text{ 에 대하여 } x \geq a \implies x \geq 0$$

을 증명하려면 그 대우명제

$$x < 0 \implies x < a \text{ 인 음수 } a < 0 \text{ 이 존재한다} \tag{1.4}$$

를 증명하면 된다.

문제 1.1.7. 명제 (1.4)를 증명하여라.

보기 1.1.1. 다음 명제

$$\text{임의의 양수 } a > 0 \text{ 에 대하여 } \frac{1}{n} < a \text{ 인 자연수 } n \text{ 이 존재한다} \tag{1.5}$$

의 부정이 무엇인지 살펴보자. 우선 전체적으로 보면 다음

$$\frac{1}{n} < a \text{ 인 자연수 } n \text{ 이 존재한다} \tag{1.6}$$

이 성립하지 않는 양수 $a > 0$가 존재해야 한다. 그런데 (1.6)의 부정이

$$\text{임의의 자연수 } n = 1, 2, \ldots \text{ 에 대하여 } \frac{1}{n} \geq a \tag{1.7}$$

이므로, 명제 (1.5)의 부정은

$$(1.7) \text{ 을 만족하는 양수 } a > 0 \text{ 가 존재한다}$$

가 된다. 이를 쉽게 표현하면 『어떤 양수 $a > 0$에 대해서는 임의의 자연수 $n = 1, 2, \ldots$ 에 대하여 $\frac{1}{n} \geq a$가 성립한다』 정도로 쓸 수 있을 것이다. □

집합의 포함관계 $A \subset B$는 임의의 x에 대하여 (1.1)이 성립함을 주장하는 것이다. 따라서 이를 부정하려면 (1.1)이 성립하지 않는 x가 존재함을 보여야 한다. 마찬가지로 조건 p, q에 대하여 명제 $p \longrightarrow q$를 부정하려면 $p(x)$는 성립하지만 $q(x)$가 성립하지 않는 x가 존재함을 말해야 한다.

문제 1.1.8. 명제 『임의의 양수 $e > 0$에 대하여 $n \geq N \longrightarrow \frac{1}{n} < e$를 만족하는 자연수 N이 존재한다』의 부정을 써라.

우리가 수학뿐 아니라 일생생활에서 『$\cdots$ 은 $\cdots$ 이다』와 같은 표현을 하는데 잘 살펴 볼 필요가 있다. 다음 세 문장

- $1 + 1$은 2이다
- 6은 3의 배수이다
- 6의 배수는 3의 배수이다

을 보면 『$\cdots$ 은 $\cdots$ 이다』의 의미가 다름을 알 수 있다. 첫째 문장은 같음을 의미한다. 둘째 문장은 6이 어떤 집합의 원소임을 나타내고 있는데, 이를 부정하려면 『6은 3의 배수가 아니다』라고 하면 될 것이다. 마지막 문장은 두 집합 사이에 포함관계가 있음을 말하는데, 실제로

$$\text{자연수 } n \text{이 6 의 배수이다} \longrightarrow \text{자연수 } n \text{이 3 의 배수이다}$$

를 나타낸다. 따라서 이를 부정하면

$$6 \text{ 의 배수이지만 } 3 \text{ 의 배수가 아닌 자연수 } n \text{ 이 존재한다}$$

가 된다.[4]

이제, 집합족 $\{A_i : i \in I\}$ 의 합집합과 교집합에 대하여 알아보자. 만일 $\{A_1, A_2\} = \{A_i : i \in \{1, 2\}\}$ 이면

$$x \in A_1 \cup A_2 \iff i = 1 \text{ 혹은 } i = 2 \text{ 에 대하여 } x \in A_i \text{ 이다}$$
$$\iff x \in A_i \text{ 인 } i \in \{1, 2\} \text{ 가 존재한다}$$

가 성립함을 알 수 있다. 이를 염두에 두고, 집합족 $\{A_i : i \in I\}$ 의 **합집합** $\bigcup_{i \in I} A_i$ 을 다음

$$x \in \bigcup_{i \in I} A_i \iff x \in A_i \text{ 가 성립하는 } i \in I \text{ 가 존재한다}$$

와 같이 정의한다. 이는

$$\bigcup_{i \in I} A_i = \{x : x \in A_i \text{ 가 성립하는 } i \in I \text{ 가 존재한다}\}$$

라고 정의하는 것이나 마찬가지이다. 합집합 $\bigcup_{i \in I} A_i$ 을 $\bigcup \{A_i : i \in I\}$ 로 쓰기도 한다. 집합족 $\{A_1, A_2\}$ 의 이름을 $\mathcal{A}$ 로 붙인 경우, 즉 $\mathcal{A} = \{A_1, A_2\}$ 인 경우 $\bigcup \mathcal{A}$, $\bigcup \{A \in \mathcal{A}\}$, $\bigcup \{X \in \mathcal{A}\}$ 등은 모두 $A_1 \cup A_2$ 을 나타낸다. 마찬가지로

$$x \in \bigcap_{i \in I} A_i \iff \text{ 임의의 } i \in I \text{ 에 대하여 } x \in A_i \text{ 가 성립한다}$$

와 같이 정의한다. 만일 각 A_i 들이 전체집합 U 안에 들어 있다면 다음

$$\left(\bigcup_{i \in I} A_i \right)^c = \bigcap_{i \in I} A_i^c, \qquad \left(\bigcap_{i \in I} A_i \right)^c = \bigcup_{i \in I} A_i^c \tag{1.8}$$

---

[4] 일상 생활에서 예를 들자면 「나는 사람이다」의 부정은 「나는 사람이 아니다」이지만 「남자는 사람이다」의 부정은 「사람 아닌 남자가 있다」가 된다.

이 성립한다. 구체적으로 살펴보면, 다음

$$x \in \left(\bigcup_{i \in I} A_i \right)^c \iff x \notin \bigcup_{i \in I} A_i$$

$$\iff \neg(x \in A_i \text{ 인 } i \in I \text{가 존재한다})$$

$$\iff \text{임의의 } i \in I \text{ 에 대하여 } x \notin A_i \text{ 이다}$$

$$\iff \text{임의의 } i \in I \text{ 에 대하여 } x \in A_i^c \text{ 이다}$$

$$\iff x \in \bigcap_{i \in I} A_i^c$$

과 같이 증명할 수 있다. 물론 집합족의 합집합과 교집합에 관한 분배법칙

$$A \cap \left(\bigcup_{i \in I} A_i \right) = \bigcup_{i \in I} (A \cap A_i), \qquad A \cup \left(\bigcap_{i \in I} A_i \right) = \bigcap_{i \in I} (A \cup A_i) \qquad (1.9)$$

도 성립한다.

문제 1.1.9. 등식 (1.8)의 두 번째 등식과 (1.9)를 증명하여라.

앞으로

$$x \in A_i, \qquad i \in I$$

와 같이 쓰면, 이는

$$\text{임의의 } i \in I \text{ 에 대하여 } x \in A_i \text{ 이다}$$

라는 뜻이다.

보기 1.1.2. 각 양수 $r > 0$에 대하여

$$A_r = \{x \in \mathbb{R} : x \geq r\}, \qquad r > 0$$

라 두면

$$\bigcup_{r > 0} A_r = \{x \in \mathbb{R} : x > 0\}$$

이 된다. 편의상 $A = \{x \in \mathbb{R} : x > 0\}$라 두면, 각 $r > 0$에 대하여 $A_r \subset A$ 이므로 $\bigcup_{r > 0} A_r \subset A$임은 당연하다. 역으로 $A \subset \bigcup_{r > 0} A_r$을 증명한다는 것은 다음

$$x > 0 \implies x \geq r \text{ 인 양수 } r > 0 \text{가 존재한다}$$

와 마찬가지이다. 그런데 $r = x$라 두면 $0 < r \leq x$이므로 $A \subset \bigcup_{r>0} A_r$이 성립함을 알 수 있고, 따라서 $A = \bigcup_{r>0} A_r$임을 알 수 있다. 지금까지 사용한 기호의 뜻을 보다 분명히 하자면 양수 전체의 집합을 P라 두고 $\bigcup_{r \in P} A_r$와 같이 써야 하지만, 관례상 $\bigcup_{r>0} A_r$과 같은 기호를 쓴다.   □

보기 1.1.3. 비슷한 예를 하나 더 들어보자. 각 자연수 $n = 1, 2, \ldots$ 에 대하여

$$A_n = \left\{ x \in \mathbb{R} : x \geq \frac{1}{n} \right\}, \qquad n = 1, 2, \ldots$$

라 두면

$$\bigcup_{n=1}^{\infty} A_n = \{ x \in \mathbb{R} : x > 0 \}$$

이 된다. 여기서도 $\bigcup_{n=1}^{\infty} A_n$은 $\bigcup \{ A_n : n = 1, 2, \ldots \}$과 마찬가지 뜻으로 쓰인다. 위와 마찬가지로 $\bigcup_{n=1}^{\infty} A_n \subset A$임은 당연하다. 역으로 $A \subset \bigcup_{n=1}^{\infty} A_n$을 증명한다는 것은 다음

$$x > 0 \implies x \geq \frac{1}{n} \text{ 인 자연수 } n = 1, 2, \ldots \text{이 존재한다}$$

혹은

$$y > 0 \implies y \leq n \text{ 인 자연수 } n = 1, 2, \ldots \text{이 존재한다}$$

와 마찬가지이다. 이 명제는 당연한 듯이 보이지만 그리 간단한 것은 아니다.[5]   □

만일 집합족 $\{ A_i : i \in I \}$이 다음 성질

$$i, j \in I, \ i \neq j \implies A_i \cap A_j = \varnothing$$

을 만족하면 **서로소인** 집합족이라 하고, 이때 그 합집합을 $\bigsqcup_{i \in I} A_i$로 표시한다.

문제 1.1.10. 서로소가 아니지만 다음

$$A \cap B \cap C = \varnothing$$

을 만족하는 집합 A, B, C의 예를 들어라.

---

[5] 정리 2.2.4 및 정리 2.5.1을 참조하라.

두 원소 a, b로 이루어진 집합 $\{a, b\}$에는 순서가 없다. 즉, $\{a, b\} = \{b, a\}$이다. 두 원소 a, b의 **순서쌍** (a, b)를 다음

$$(a, b) = \{\{a\}, \{a, b\}\}$$

과 같이 정의한다.

정리 1.1.1. 만일 $(a, b) = (c, d)$이면 $a = c$ 및 $b = d$가 성립한다.

증명 먼저 $a = b$인 경우를 생각하자. 이 경우

$$\{\{a\}\} = (a, b) = (c, d) = \{\{c\}, \{c, d\}\}$$

로부터 $\{a\} = \{c\} = \{c, d\}$이므로, $a = b = c = d$가 성립한다. 이제 $a \neq b$라 가정하자. 그러면 $\{a, b\}$는 두 원소의 집합이므로

$$\{c\} \in \{\{c\}, \{c, d\}\} = \{\{a\}, \{a, b\}\}, \qquad \{c\} \neq \{a, b\}$$

임을 알 수 있다. 따라서 $\{c\} = \{a\}$ 및 $a = c$가 성립한다. 마찬가지로

$$\{a, b\} \in \{\{a\}, \{a, b\}\} = \{\{c\}, \{c, d\}\}, \qquad \{a, b\} \neq \{c\}$$

로부터 $\{a, b\} = \{c, d\}$가 성립한다. 따라서 $b \in \{c, d\}$로부터 $b = c$ 혹은 $b = d$이다. 그런데 $b = c$이면 $a = c = b$이므로 $a \neq b$라는 가정에 모순이다. 따라서 $b = d$가 성립함을 알 수 있다. $\qquad \square$

두 집합 A, B의 **곱집합** $A \times B$는

$$A \times B = \{(a, b) : a \in A, \ b \in B\}$$

로 정의한다. 다음 공식들

$$A \times (B \cup C) = (A \times B) \cup (A \times C)$$
$$A \times (B \cap C) = (A \times B) \cap (A \times C) \qquad (1.10)$$
$$(A \times B) \cap (C \times D) = (A \cap C) \times (B \cap D)$$

은 바로 증명할 수 있다.

문제 1.1.11. (1.10)에 나오는 등식들을 증명하여라.

문제 1.1.12. 집합족 $\{A_i : i \in I\}$과 $\{B_j : j \in J\}$에 대하여 다음 등식들을 증명하여라.

$$\left(\bigcup_{i \in I} A_i \right) \cap \left(\bigcup_{j \in J} B_j \right) = \bigcup_{(i,j) \in I \times J} (A_i \cap B_j)$$

$$\left(\bigcap_{i \in I} A_i \right) \cup \left(\bigcap_{j \in J} B_j \right) = \bigcap_{(i,j) \in I \times J} (A_i \cup B_j)$$

1.2 함수

두 집합 X, Y의 곱집합 $X \times Y$의 부분집합 $f \subset X \times Y$가 다음 두 가지 성질

(함1) $x \in X \longrightarrow (x, y) \in f$를 만족하는 $y \in Y$가 존재한다,

(함2) $(x, y_1) \in f, (x, y_2) \in f \longrightarrow y_1 = y_2$

을 만족하면 이를 X에서 Y로 가는 **함수**라 하고, $(x, y) \in f$일 때 $f(x) = y$ 혹은 $f : x \mapsto y$라 쓴다. 이때, X를 이 함수의 **정의역**, Y를 f의 **공역**이라 하고, 이를 $f : X \to Y$로 쓴다. 앞으로, 함수의 정의역과 공역은 항상 공집합이 아닌 것으로 간주한다. 또한,

$$f : x \mapsto y : X \to Y$$

는 $f : X \to Y$가 함수이고, $(x, y) \in f$라는 의미로 쓴다. 물론, y는 x에 의하여 결정되는 Y의 원소이다. 함수 $f : X \to Y$는 정의역 X, 공역 Y 및 $X \times Y$ 부분집합 f로 이루어져 있으므로, '함수'라는 용어를 사용하려면 이 세 가지를 같이 말해주어야 한다. 특히, 두 함수 $f : X \to Y$와 $g : Z \to W$가 '같다'라는 말을 하려면 우선 $X = Z$와 $Y = W$가 성립해야 한다. 물론, 정의역과 공역이 분명할 때에는 이를 생략하고 '함수'라는 용어를 사용하기도 한다. 경우에 따라서 '사상', '변환' 등의 용어를 사용하기도 하는데 모두 함수와 같은 뜻이다. 집합 X

에 대하여

$$\{(x_1, x_2) \in X \times X : x_1 = x_2\}$$

로 주어진 함수를 X에서 정의된 **항등함수**라 부르고 $1_X : X \to X$라고 쓴다. 즉,

$$1_X(x) = x, \qquad x \in X$$

이다. 또한, $A \subset X$일 때, $\{(a, a) \in A \times X : a \in A\}$로 주어진 함수를 **포함함수**라 하고, $\iota_A : A \hookrightarrow X$라 쓴다. 즉,

$$\iota_A(a) = a, \qquad a \in A$$

이다.

정리 1.2.1. 두 함수 $f : X \to Y$와 $g : X \to Y$가 같은 함수일 필요충분조건은

$$f(x) = g(x), \qquad x \in X$$

이다.

증명 먼저 $f = g$이면, 임의의 $x \in X$에 대하여

$$y = f(x) \iff (x, y) \in f \iff (x, y) \in g \iff y = g(x)$$

가 성립하므로 $f(x) = g(x)$임을 알 수 있다. 역으로, 임의의 $x \in X$에 대하여 $f(x) = g(x)$이면,

$$(x, y) \in f \iff y = f(x) \iff y = g(x) \iff (x, y) \in g$$

가 성립하여 $f = g$이다. $\qquad\qquad\qquad\qquad\qquad\qquad\qquad\qquad\qquad\qquad\quad \square$

함수 $f : X \to Y$와 $g : Y \to Z$에 대하여 그 **합성함수** $g \circ f : X \to Z$를 다음

$$(g \circ f)(x) = g(f(x)), \qquad x \in X \qquad\qquad (1.11)$$

과 같이 정의한다. 만일 f와 g를 각각 $X \times Y$와 $Y \times Z$의 부분집합으로 이해한다면

$$g \circ f = \{(x, z) \in X \times Z : (x, y) \in f, (y, z) \in g \text{ 인}$$
$$y \in Y \text{ 가 존재한다}\} \qquad\qquad (1.12)$$

와 같이 정의된다. 세 함수 $f : X \to Y$, $g : Y \to Z$, $h : Z \to W$ 에 대하여
다음 등식

$$(h \circ g) \circ f = h \circ (g \circ f) \tag{1.13}$$

이 성립함은 바로 확인된다. 함수 $f : X \to Y$ 의 정의역 X 의 부분집합 A 가 주어
졌을 때, 합성함수 $f \circ \iota_A : A \to Y$ 를 f 의 **제한**이라 하는데, 이를 $f|_A : A \to Y$
로 쓰기도 한다.

문제 1.2.1. 두 정의 (1.11) 과 (1.12) 가 같은 정의임을 보여라. 또한, $g \circ f \subset X \times Z$
가 함수임을 보여라.

문제 1.2.2. 등식 (1.13)을 증명하여라.

문제 1.2.3. 교환법칙 $f \circ g = g \circ f$ 이 성립하지 않는 두 함수 f, g 의 예를 들어라.

함수 $f : X \to Y$ 가 다음 성질

$$x_1, x_2 \in X, \ f(x_1) = f(x_2) \implies x_1 = x_2$$

을 만족하면 이를 **단사함수**라고 부른다. 항등함수 및 포함함수는 단사함수이다.
또한 단사함수 $f : X \to Y$ 의 정의역 X 의 부분집합 A 가 있을 때, f 의 제한 $f|_A$
은 당연히 단사함수이다.

정리 1.2.2. 함수 $f : X \to Y$ 에 대하여 다음은 동치이다.

(가) f 는 단사함수이다.

(나) $g \circ f = 1_X$ 를 만족하는 함수 $g : Y \to X$ 가 존재한다.

증명 먼저 $g \circ f = 1_X$ 를 만족하는 g 가 있으면

$$f(x_1) = f(x_2) \implies x_1 = (g \circ f)(x_1) = (g \circ f)(x_2) = x_2$$

이므로 f 가 단사함수이다. 그 역을 보이기 위하여

$$B = \{y \in Y : f(x) = y \text{ 를 만족하는 } x \in X \text{ 가 존재한다}\}$$

라 두자. 만일 $y \in B$ 이면 $f(x) = y$ 를 만족하는 $x \in X$ 가 유일하게 존재하는데
$g(y) = x$ 라 정의하고, $y \notin B$ 이면 $g(y)$ 는 아무렇게나 정의한다. 예를 들면 X

의 한 원소 $x_0 \in X$를 고정하고

$$g(y) = \begin{cases} x, & y \in B, \ y = f(x), \\ x_0, & y \notin B \end{cases}$$

라 정의하면 $g \circ f = 1_X$임이 바로 확인된다. □

함수 $f : X \to Y$가 다음 성질

임의의 $y \in Y$ 에 대하여

$f(x) = y$ 를 만족하는 $x \in X$ 가 존재한다 (1.14)

을 만족하면 이를 **전사함수**라 부른다. 함수 $f : X \to Y$가 전사이면서 동시에 단사이면 이를 **전단사함수**라 부른다. 항등함수는 물론 전단사함수이다.

정리 1.2.3. 함수 $f : X \to Y$에 대하여 다음은 동치이다.

(가) f는 전사함수이다.

(나) $f \circ g = 1_Y$를 만족하는 함수 $g : Y \to X$가 존재한다.

증명 먼저 $f \circ g = 1_Y$를 만족하는 함수 $g : Y \to X$가 존재한다고 가정하자. 각 $y \in Y$에 대하여 $x = g(y)$라 두면

$$f(x) = f(g(y)) = y$$

이므로 (1.14)가 성립하고, 따라서 f는 전사함수이다. 그 역을 보이기 위하여 각 $y \in Y$에 대하여

$$A_y = \{x \in X : f(x) = y\}$$

라 두면 A_y는 공집합이 아니다. 각 $y \in Y$에 대하여 A_y의 원소를 하나 택하여[6] 이를 $g(y) \in X$라 두면 $f(g(y)) = y$임이 자명하다. □

함수 $f : X \to Y$에 대하여 다음

$$g \circ f = 1_X, \qquad f \circ g = 1_Y$$

---

[6] 이러한 원소를 하나씩 택하는 것이 가능한가 하는 문제는 좀더 신중한 접근을 요한다. 뒤에 이를 가능하다고 가정하는 것이 바로 "선택공리"임을 배우게 된다.

을 만족하는 함수 $g : Y \to X$가 존재하면 이를 f의 **역함수**라 한다. 만일 함수 f의 역함수가 존재한다면 유일하다. 실제로, g와 h가 동시에 f의 역함수라면

$$g = 1_X \circ g = (h \circ f) \circ g = h \circ (f \circ g) = h \circ 1_Y = h \qquad (1.15)$$

가 된다. 함수 $f : X \to Y$의 역함수를 $f^{-1} : Y \to X$로 표시하기도 한다. 만일 함수 $f : X \to Y$가 역함수를 가지면 정리 1.2.2와 정리 1.2.3에 의하여 f는 전단사함수이다. 역으로, $f : X \to Y$가 전단사함수이면 $h \circ f = 1_X$인 $h : Y \to X$와 $f \circ g = 1_Y$인 $g : Y \to X$가 존재하는데, (1.15)에 의하여 $g = h$이고 이는 f의 역함수가 된다. 따라서 다음 정리를 얻는다.

정리 1.2.4. 함수 $f : X \to Y$에 대하여 다음은 동치이다.

(가) f는 전단사함수이다.

(나) f가 역함수를 가진다.

문제 1.2.4. 두 함수 $f : X \to Y$와 $g : Y \to Z$에 대하여 다음을 증명하여라.

(가) f와 g가 단사이면 $g \circ f$가 단사이다. 역으로, $g \circ f$가 단사이면 f가 단사이다.

(나) f와 g가 전사이면 $g \circ f$가 전사이다. 역으로, $g \circ f$가 전사이면 g가 전사이다.

(다) f와 g가 전단사이면 $g \circ f$가 전단사이고, $(g \circ f)^{-1} = f^{-1} \circ g^{-1}$이다.

따름정리 1.2.5. 두 집합 X와 Y에 대하여 다음은 동치이다.

(가) 단사함수 $f : X \to Y$가 존재한다.

(나) 전사함수 $g : Y \to X$가 존재한다.

문제 1.2.5. 따름정리 1.2.5를 증명하여라.

보기 1.2.1. 각 자연수 $n = 0, 1, 2, \ldots$에 대하여

$$f(2n) = -n, \qquad f(2n - 1) = n$$

이라 정의하면 f는 자연수 전체의 집합 $\mathbb{N}$에서 정수 전체의 집합 $\mathbb{Z}$로 가는 함수가 된다. 만일

$$g(n) = 2n - 1, \quad g(-n) = 2n, \qquad n = 0, 1, 2, \ldots$$

라 정의하면 g는 $\mathbb{Z}$에서 $\mathbb{N}$으로 가는 함수가 되고 f와 g는 서로 역함수관계이다. □

문제 1.2.6. 보기 1.2.1에 나오는 $f(n)$이 n번째 정수가 되도록 정수 전체를 나열하여라.

문제 1.2.7. 자연수 전체의 집합 $\mathbb{N}$에서 짝수 전체의 집합으로 가는 전단사함수를 만들어라.

보기 1.2.2. 양의 유리수 전체의 집합 $\mathbb{Q}^+$를 다음

$$\frac{1}{1}, \frac{1}{2}, \frac{2}{1}, \frac{1}{3}, \frac{2}{2}, \frac{3}{1}, \frac{1}{4}, \frac{2}{3}, \frac{3}{2}, \frac{4}{1}, \frac{1}{5}, \frac{2}{4}, \frac{3}{3}, \frac{4}{2}, \frac{5}{1}, \frac{1}{6}, \frac{2}{5}, \frac{3}{4}, \frac{4}{3}, \frac{5}{2}, \cdots$$

과 같이 늘어놓자. 여기서 n번째 나오는 유리수를 $f(n)$이라 두면 $f : \mathbb{N} \to \mathbb{Q}^+$는 전사함수가 된다. 만일 중복해서 나오는 유리수를 없애고

$$\frac{1}{1}, \frac{1}{2}, \frac{2}{1}, \frac{1}{3}, \frac{3}{1}, \frac{1}{4}, \frac{2}{3}, \frac{3}{2}, \frac{4}{1}, \frac{1}{5}, \frac{5}{1}, \frac{1}{6}, \frac{2}{5}, \frac{3}{4}, \frac{4}{3}, \frac{5}{2}, \cdots$$

등과 같이 늘어놓은 후 n번째 나오는 수를 $g(n)$이라 두면 $g : \mathbb{N} \to \mathbb{Q}^+$라 두면 g는 전단사합수가 된다. □

보기 1.2.3. 구간 $[0, 1) = \{x \in \mathbb{R} : 0 \le x < 1\}$의 원소를 십진법으로 표현하되 9가 계속 나오는 것을 피한다. 함수 $f : [0, 1) \times [0, 1) \to [0, 1)$를 다음

$$f : (0.a_0 a_1 a_2 \ldots, 0.b_0 b_1 b_2 \ldots) \mapsto 0.a_0 b_0 a_1 b_1 a_2 b_2 \ldots$$

과 같이 정의하면 단사함수이다. 즉, $[0, 1) \times [0, 1)$에 있는 모든 점들을 구간 $[0, 1)$ 안에 '넣을' 수 있다. 단 $0.090909\ldots$ 같은 원소는 f의 상에 들어가지 않도록 주의한다. 물론 $[0, 1)$에서 $[0, 1) \times [0, 1)$로 가는 단사함수는 쉽게 만들 수 있다. 일반적으로, 집합 X에서 Y로 가는 단사함수와 집합 Y에서 X로 가는 단사함수가 동시에 존재하면, X에서 Y로 가는 전단사함수가 존재한다.[7] □

---

7) 정리 3.5.2를 참조하라.

보기 1.2.4. 길이가 같은 선분 사이에 전단사함수가 존재함은 자명하다. 그런데 길이가 다르더라도 임의의 두 선분 사이에 전단사함수를 정의할 수 있다. 두 선분 $\overline{AB}$와 $\overline{CD}$를 나란히 놓고 $\overline{AC}$와 $\overline{BD}$의 연장선이 만나는 점을 O라 두자. 선분 $\overline{AB}$ 위에 있는 점 P에 대하여 $\overline{OP}$의 연장선이 $\overline{CD}$와 만나는 점을 $f(P)$라 두면 $f : \overline{AB} \to \overline{CD}$는 전단사함수가 된다.   □

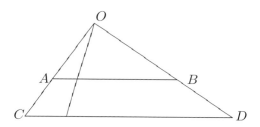

문제 1.2.8. 임의의 두 구간 사이에는 전단사함수가 존재함을 보여라.

보기 1.2.5. 집합 X에서 Y로 가는 함수 전체의 집합을 Y^X라 쓰자. 또한, 집합 X의 부분집합 전체의 집합을 $\mathcal{P}(X)$라 쓰고, 이를 X의 **멱집합**이라 부른다. 임의의 $A \in \mathcal{P}(X)$에 대하여 $\Phi(A) \in \{0,1\}^X$를 다음

$$\Phi(A)(x) = \begin{cases} 1, & x \in A, \\ 0, & x \notin A \end{cases} \tag{1.16}$$

과 같이 정의하자. 또한, 임의의 함수 $f \in \{0,1\}^X$에 대하여 X의 부분집합 $\Psi(f) \in \mathcal{P}(X)$를

$$\Psi(f) = \{x \in X : f(x) = 1\}$$

라 정의하자. 그러면 임의의 $f : X \to \{0,1\}$에 대하여

$$\Phi(\Psi(f))(x) = 1 \iff x \in \Psi(f) \iff f(x) = 1$$

이므로 $\Phi(\Psi(f)) = f$이다. 또한, 임의의 $A \in \mathcal{P}(X)$에 대하여

$$x \in \Psi(\Phi(A)) \iff \Phi(A)(x) = 1 \iff x \in A$$

이므로 $\Psi(\Phi(A)) = A$이다. 따라서 두 함수

$$\Phi : \mathcal{P}(X) \to \{0,1\}^X, \qquad \Psi : \{0,1\}^X \to \mathcal{P}(X)$$

는 서로 상대방의 역함수이다. □

집합 $\mathcal{P}(X)$를 X의 **멱집합**이라 부르고, 이를 2^X라 쓰기도 한다. 또한, (1.16) 과 같이 정의된 함수를 A의 **특성함수**라 부르고, 이를 χ_A라 쓴다. 즉,

$$\chi_A(x) = \begin{cases} 1, & x \in A, \\ 0, & x \notin A \end{cases}$$

이다.

문제 1.2.9. 이진법 전개를 이용하여 구간 $[0, 1]$에서 $2^{\mathbb{N}}$로 가는 단사함수를 만들어라.

문제 1.2.10. 다음 등식

$$\bigcap_{i \in I} \mathcal{P}(X_i) = \mathcal{P}\left(\bigcap_{i \in I} X_i\right), \qquad \bigcup_{i \in I} \mathcal{P}(X_i) \subset \mathcal{P}\left(\bigcup_{i \in I} X_i\right)$$

을 증명하여라. 둘째 식에서 진부분집합이 되는 예를 들어라.

보기 1.2.6. (칸토어[8]) 집합 $\mathbb{N}$에서 구간 $[0, 1]$로 가는 전사함수가 존재하지 않음을 보이자. 즉, 어떤 함수 $f : \mathbb{N} \to [0, 1]$도 전사함수가 될 수 없음을 보이려 한다. 각 $n = 0, 1, 2, \ldots$의 상 $f(n)$은 무한소수로 표현될 수 있으므로 이를 다음과 같이 쓰자.

$$\begin{aligned} f(0) &= 0.x_{00}x_{01}x_{02} & \ldots & \quad x_{0n} & \ldots \\ f(1) &= 0.x_{10}x_{11}x_{12} & \ldots & \quad x_{1n} & \ldots \\ f(2) &= 0.x_{20}x_{21}x_{22} & \ldots & \quad x_{2n} & \ldots \\ & \qquad\qquad \ldots & \ldots & \\ f(n) &= 0.x_{n0}x_{n1}x_{n2} & \ldots & \quad x_{nn} & \ldots \\ & \qquad\qquad \ldots & \ldots & \end{aligned}$$

각 자연수 $n = 0, 1, 2, \ldots$에 대하여 수열 $\langle a_n \rangle$을

$$a_n = \begin{cases} 0, & x_{nn} \neq 0, \\ 1, & x_{nn} = 0 \end{cases}$$

8) Georg Ferdinand Ludwig Philipp Cantor (1845~1918), 독일 수학자. 베를린 대학에서 학위를 받은 후 1869년부터 1905년까지 할레(Halle) 대학에서 활동하였는데, 만년을 정신병원에서 보냈다. 그가 처음부터 집합론을 구상한 것은 아니고, 삼각급수를 연구하는 과정에서 무한집합을 다루게 되었다. 그의 업적을 소개한 책으로 [12]가 있다.

로 정의하면, 소수 $\alpha = 0.a_0 a_1 a_2 \ldots a_n \ldots$ 는 $f(0), f(1), \ldots, f(n), \ldots$ 중 어느 것과도 다른 수이다. 따라서 $\alpha \in [0,1]$는 어떤 자연수 n에 대해서도 $f(n)$이 될 수 없고, 따라서 f는 전사함수가 아니다.   □

문제 1.2.11. 임의의 집합 X에 대하여 X에서 2^X로 가는 전사함수가 없음을 보여라.

함수 $f : X \to Y$와 $A \subset X$ 및 $B \subset Y$에 대하여

$$f^{-1}(B) = \{x \in X : f(x) \in B\},$$
$$f(A) = \{f(x) \in Y : x \in A\}$$

라 정의하자. 집합 $f^{-1}(B)$를 B의 **역상**이라 부르고, $f(A)$를 A의 **상**이라 부른다. 함수 f가 전사일 필요충분조건은 $f(X) = Y$이다. 일반적으로

$$x \in A \implies f(x) \in f(A) \iff x \in f^{-1}(f(A))$$

이므로

$$f^{-1}(f(A)) \supset A, \qquad A \in 2^X$$

가 성립한다. 또한, $y \in f(f^{-1}(B))$이면 $y = f(x)$인 $x \in f^{-1}(B)$가 존재하는데, 이는 $f(x) \in B$임을 뜻한다. 따라서 $y = f(x) \in B$이고, 다음 관계

$$f(f^{-1}(B)) \subset B, \qquad B \in 2^Y$$

가 성립함을 알 수 있다.

문제 1.2.12. 함수 f가 단사일 필요충분조건은

$$f^{-1}(f(A)) = A, \qquad A \in 2^X$$

임을 보여라. 또한, 함수 f가 전사일 필요충분조건은

$$f(f^{-1}(B)) = B, \qquad B \in 2^Y$$

임을 보여라.

임의의 $i \in I$에 대하여 $B_i \subset Y$일 때, 다음 등식

$$f^{-1}\left(\bigcup_{i \in I} B_i\right) = \bigcup_{i \in I} f^{-1}(B_i), \qquad f^{-1}\left(\bigcap_{i \in I} B_i\right) = \bigcap_{i \in I} f^{-1}(B_i) \qquad (1.17)$$

이 성립함은 바로 확인된다. 그러나 상과 교집합의 교환에 대해서는 조심해야
한다. 임의의 $i \in I$에 대하여 $A_i \subset X$일 때, 다음 성질

$$f\left(\bigcup_{i \in I} A_i\right) = \bigcup_{i \in I} f(A_i), \qquad f\left(\bigcap_{i \in I} A_i\right) \subset \bigcap_{i \in I} f(A_i) \qquad (1.18)$$

역시 바로 확인할 수 있다.

문제 1.2.13. 집합 $X = \{a, b\}$에서 자기자신으로 가는 함수 가운데

$$f(A \cap B) \subsetneqq f(A) \cap f(B)$$

인 예를 들어라.

문제 1.2.14. 관계식 $f(A \cap B) \supset f(A) \cap f(B)$을 증명하려고

$$y \in f(A) \cap f(B)$$
$$\rightarrow [y \in f(A)] \wedge [y \in f(B)]$$
$$\rightarrow [y = f(x) \text{인 } x \in A \text{가 존재한다}] \wedge [y = f(x) \text{인 } x \in B \text{가 존재한다}]$$
$$\rightarrow [y = f(x) \text{인 } x \in A \cap B \text{가 존재한다}]$$
$$\rightarrow y \in f(A \cap B)$$

과 같이 했는데, 어디에서 틀렸는지 살펴보아라.

문제 1.2.15. 등식 (1.17), (1.18)을 증명하여라. 등식

$$f\left(\bigcap_{i \in I} A_i\right) = \bigcap_{i \in I} f(A_i)$$

이 임의의 부분집합족 $\{A_i : i \in I\}$에 대하여 성립할 f의 필요충분조건을 찾아라.

지난 1.1절에서 정의한 곱집합의 정의를 살펴보자. 곱집합 $X_1 \times X_2$의 원소
(x_1, x_2)에 대하여

$$p[x_1, x_2] : i \mapsto x_i : \{1, 2\} \rightarrow X_1 \cup X_2, \qquad i = 1, 2$$

와 같이 함수 $p[x_1, x_2]$를 정의하자. 그러면

$$(x_1, x_2) \mapsto p[x_1, x_2] : X_1 \times X_2 \rightarrow (X_1 \cup X_2)^{\{1,2\}}$$

는 단사함수가 되고, 그 상은

$$\{f \in (X_1 \cup X_2)^{\{1,2\}} : f(1) \in X_1, \, f(2) \in X_2\}$$

가 된다. 이제, 임의의 집합족 $\{X_i : i \in I\}$에 대한 **곱집합** $\prod_{i \in I} X_i$를 다음

$$\prod_{i \in I} X_i = \left\{ f \in \left(\bigcup_{i \in I} X_i\right)^I : f(i) \in X_i,\ i \in I \right\}$$

과 같이 정의한다. 각 $i \in I$에 대하여 다음 함수

$$\pi_i : f \mapsto f(i) : \prod_{i \in I} X_i \to X_i$$

를 생각할 수 있는데, 이를 **사영**이라 한다. 임의의 $i \in I$에 대하여 $X_i = X$이면, $\prod_{i \in I} X_i = X^I$이다.

보기 1.2.7. 실수 전체의 집합 $\mathbb{R}$을 n개 곱한 곱집합을 $\mathbb{R}^n$이라 쓰자. 만일 $n = \{0, 1, 2, \ldots, n-1\}$이라 두면[9] 이는 n에서 $\mathbb{R}$로 가는 함수 전체의 집합이다. 이때, n에서 $\mathbb{R}$로 가는 함수 가운데

$$i \mapsto a_i, \qquad i = 0, 1, 2, \ldots, n-1$$

인 것을 $(a_0, a_1, a_2, \ldots, a_{n-1})$이라 표시하면 편리하다. □

문제 1.2.16. 집합 $\mathbb{R}^n$에서 정의된 사영 π_i가 어떤 함수인지 설명하여라.

1.3 동치관계

집합 X에 관계가 주어져 있다는 것은 곱집합 $X \times X$의 부분집합이 주어져 있다는 것과 마찬가지 말이다. 관계 $R \subset X \times X$이 다음 성질들

(동1) 임의의 $x \in X$에 대하여 $(x, x) \in R$이다,

(동2) $(x, y) \in R$이면 $(y, x) \in R$이다,

(동3) $(x, y) \in R$이고 $(y, z) \in R$이면 $(x, z) \in R$이다

---

9) 실제로 다음 장에서 자연수 n을 집합 $\{0, 1, 2, \ldots, n-1\}$로 정의한다.

를 만족하면 이를 **동치관계**라 부른다. 동치관계 $R \subset X \times X$가 주어져 있을 때, $(x, y) \in R$을 $x \sim y$로 쓰기도 한다. 물론, 기호 $\sim$은 여러 가지로 바꾸어 쓸 수 있다. 위 조건들을 다시 한 번 열거하면 다음

$$x \in X \quad \longrightarrow \quad x \sim x,$$
$$x \sim y \quad \longrightarrow \quad y \sim x,$$
$$x \sim y, \; y \sim z \quad \longrightarrow \quad x \sim z$$

과 같이 된다. 동치관계의 대표적인 예는 '같다'이다. 또 다른 예로써 '서로 평행이다'나 '서로 닮음이다'도 동치관계이다.

유한집합 X에 관계 R이 주어지면 평면 위에 X의 원소들을 나타내는 유한 개의 점을 찍고 $(a, b) \in R$인 경우 점 a에서 b로 가는 화살표를 삽입하는 방식으로 그림을 그리면 편리하다. 이때, (동1)이 말하는 것은 각 점마다 그 점에서 출발하여 그 점으로 되돌아오는 화살표가 있어야 함을 이야기한다.

보기 1.3.1. 집합 $X = \{a, b, c\}$에 다음

$$R = \{(a, a), (b, b), (c, c), (a, b), (b, a)\}$$

과 같이 관계가 주어져 있을 때 이를 그림으로 나타내면 다음과 같다.

이때 한 점에서 출발하여 그 점으로 돌아오는 화살표는 굳이 방향을 표시할 필요가 없다. 이 관계는 동치관계임을 바로 확인할 수 있다. □

문제 1.3.1. 원소 세 개인 집합 $X = \{a, b, c\}$에서 (동1)과 (동2)를 만족하지만 (동3)을 만족하지 않는 관계의 예를 들어라. 마찬가지로, (동2), (동3)을 만족하지만 (동1)을 만족하지 않는 예, 그리고 (동3), (동1)을 만족하지만 (동2)를 만족하지 않는 예를 들어라.

문제 1.3.2. (동2)와 (동3)으로부터 (동1)를 유도하기 위하여 다음과 같이 하였다. 만일 $(x, y) \in R$이면 (동2)에 의하여 $(y, x) \in R$이다. 그러면 $(x, y) \in R$이고

$(y, x) \in R$이므로 (동3)에 의하여 $(x, x) \in R$이다. 여기에서 무엇이 잘못되었는지 말하여라.

문제 1.3.3. 두 정수 $m, n \in \mathbb{Z}$에 대하여

$$m \sim n \iff m - n \text{은 } 2 \text{의 배수이다}$$

라 정의하면 $\sim$은 동치관계임을 증명하여라.

문제 1.3.4. 두 실수 $x, y \in \mathbb{R}$에 대하여

$$x \sim y \iff x - y \in \mathbb{Z}$$

라 정의하면 $\sim$은 동치관계임을 증명하여라.

집합 X에 동치관계 $\sim$가 주어져 있을 때 각 $x \in X$에 대하여

$$[x] = \{z \in X : z \sim x\}$$

라 정의하고, 이를 x의 **동치류**라 부른다. 그러면

$$x \sim y \iff [x] = [y], \qquad x \nsim y \iff [x] \cap [y] = \varnothing \qquad (1.19)$$

임을 바로 확인할 수 있다. 만일 $x \sim y$이면, (동2) 와 (동3) 에 의하여

$$z \in [x] \iff z \sim x \iff z \sim y \iff z \in [y]$$

가 된다. 역으로, $[x] = [y]$이면 $x \sim x$이므로 $x \in [x] = [y]$가 되고, 따라서 $x \sim y$임을 알 수 있다. 두 번째 성질을 증명하는데

$$[x] \cap [y] \neq \varnothing \implies [x] = [y]$$

임을 보이면 된다. 만일 $z \in [x] \cap [y]$이면 $z \sim x$ 및 $z \sim y$가 성립하고, 따라서 $x \sim y$이다. 임의의 $x \in X$에 대하여 $x \in [x]$이므로, (1.19)에 의하여 집합 X는 집합족

$$\{[x] : x \in X\}$$

으로 분할됨을 알 수 있다. 보기 1.3.1에서 살펴본 동치관계의 경우

$$[a] = \{a, b\}, \qquad [b] = \{a, b\}, \qquad [c] = \{c\}$$

이므로, 집합 $X = \{a, b, c\}$가 집합족

$$\{\{a, b\}, \{c\}\}$$

로 분할되었다.

일반적으로, 집합 X의 공집합이 아닌 부분집합족 $\{A_i : i \in I\}$가 다음 두 성질

(분1) $X = \bigcup_{i \in I} A_i$ 이다,

(분2) 임의의 $i, j \in I$에 대하여 $A_i = A_j$이거나 $A_i \cap A_j = \varnothing$이다

를 만족하면, 이를 X의 **분할**이라 한다. 따라서 집합 X에 동치관계 $\sim$가 주어지면 자동적으로 X의 분할이 생김을 알 수 있는데, 이러한 분할을 앞으로 $X/\sim$으로 표시한다. 만일 각 집합 $[x]$의 원소를 하나 택하여 r_x라 두고 $I = \{r_x : x \in X\}$라 두면, $\{[r] : r \in I\}$는 서로소인 집합족이 되고, 따라서

$$X = \bigcup \{[r] : r \in I\}$$

임을 알 수 있다.

문제 1.3.5. 단사함수 $f : X \to Y$와 X의 분할 $\{X_i : i \in I\}$에 대하여 $\{f(X_i) : i \in I\}$가 $f(X)$의 분할임을 증명하여라.

문제 1.3.6. 전사함수 $f : X \to Y$와 Y의 분할 $\{Y_i : i \in I\}$에 대하여 $\{f^{-1}(Y_i) : i \in I\}$가 X의 분할임을 증명하여라.

보기 1.3.2. 정수 전체의 집합 $\mathbb{Z}$에 다음

$$m \sim n \iff m - n \text{은 2의 배수이다}$$

와 같이 관계를 정의하면 동치관계임을 바로 확인할 수 있다. 이때, m이 짝수이면 $[m]$은 짝수 전체의 집합이 되고, m이 홀수이면 $[m]$은 홀수 전체의 집합이 된다. 따라서

$$\mathbb{Z}/\sim = \{[m] : m \in \mathbb{Z}\} = \{[m] : m = 0, 1\} = \{[0], [1]\}$$

가 되고, $\mathbb{Z} = [0] \cup [1]$이 된다. 물론, 위에서 0과 1 대신에 8과 5를 택하여 $\mathbb{Z} = [8] \cup [5]$라 써도 마찬가지이다.   □

문제 1.3.7. 자연수 k가 고정되어 있을 때, 정수 전체의 집합 $\mathbb{Z}$에 다음

$$m \sim n \iff m - n \text{은 } k \text{의 배수이다}$$

와 같이 정의하면 동치관계임을 증명하여라. 또한, 이때 $\mathbb{Z}/\sim$ 의 원소들을 열거하여라.

보기 1.3.3. 집합 $\mathbb{N} \times \mathbb{N} = \{(m,n) : m, n \in \mathbb{N}\}$ 에 다음

$$(m, n) \sim (m', n') \iff m + n' = n + m'$$

과 같이 관계 $\sim$ 를 정의하면 동치관계가 된다. 우선 (동1)과 (동2)가 성립함은 자명하다. 만일 $(m, n) \sim (m', n')$ 및 $(m', n') \sim (m'', n'')$ 가 성립하면, $m + n' = n + m'$ 이고 $m' + n'' = n' + m''$ 이므로, 등식

$$\begin{aligned}
(m + n'') + (m' + n') &= (m + n') + (m' + n'') \\
&= (n + m') + (n\prime + m'') = n + m'' + (m' + n')
\end{aligned}$$

이 성립한다. 이로부터 $m + n'' = n + m''$ 임을 알 수 있고, 따라서 $(m, n) \sim (m'', n'')$ 가 성립한다. 이 경우

$$\mathbb{N} \times \mathbb{N}/\sim = \{[(0,0)], [(n,0)], [(0,n)] : n = 1, 2, \dots\}$$

임을 바로 확인할 수 있다. □

보기 1.3.4. 집합 $\mathbb{Z} \times (\mathbb{Z} \setminus \{0\})$ 에 다음

$$(a, b) \sim (c, d) \iff abd^2 = cdb^2$$

과 같이 관계를 정의하면 동치관계가 된다. 이 보기에서도 (동1), (동2)가 성립함은 자명하다. 만일 $(a, b) \sim (c, d)$ 와 $(c, d) \sim (e, f)$ 가 성립하면 $abd^2 = cdb^2$ 및 $cdf^2 = efd^2$ 이다. 만일 $c = 0$ 이면 $abd^2 = 0$ 에서 $b, d \in \mathbb{Z} \setminus \{0\}$ 이므로 $a = 0$ 이고 마찬가지로 $e = 0$ 이다. 따라서 $(a, b) \sim (e, f)$ 임을 알 수 있다. 만일 $c \neq 0$ 이면

$$(abf^2)(cd^3) = (abd^2)(cdf^2) = (cdb^2)(efd^2) = (efb^2)(cd^3)$$

에서 $abf^2 = efb^2$ 이므로 $(a, b) \sim (e, f)$ 임을 알 수 있다. □

문제 1.3.8. 보기 1.3.4에서 $(a, b) \sim (c, d) \iff ad = bc$ 로 정의하여도 동치관계가 됨을 보여라.

이제, 집합 X의 분할 $\mathcal{P} = \{X_i : i \in I\}$가 주어졌을 때 거꾸로 동치관계를 만들어보자. 집합 X의 두 원소 $x, y \in X$가 다음 성질

$$x, y \in X_i \text{ 인 } i \in I \text{ 가 존재한다}$$

를 만족할 때 $x \sim y$라 정의하자. 그러면 $\sim$이 동치관계임은 바로 확인된다. 실제로, $x \in X$이면 (분1)에 의하여 $x \in X_i$인 $i \in I$를 찾을 수 있고, 따라서 $x \sim x$가 성립한다. 두 번째 성질 (동2)가 성립함은 정의에 의하여 자명하다. 끝으로 (동3)이 성립함을 보이기 위하여 $x \sim y$, $y \sim z$라 가정하자. 그러면 $x, y \in X_i$인 $i \in I$와 $y, z \in X_j$인 $j \in I$가 존재한다. 그런데 $y \in X_i \cap X_j$이므로 $X_i = X_j$이고, 따라서 $x \sim z$이다. 이와 같이 분할 $\mathcal{P}$에 의하여 정의된 동치관계를 $\sim_{\mathcal{P}}$라 쓰기로 한다. 다음 정리는 동치관계와 분할이 사실상 같은 것임을 말해준다.

정리 1.3.1. 집합 X에 정의된 동치관계 $\sim$에 대하여 $\sim \; = \; \sim_{(X/\sim)}$이 성립한다. 역으로, 임의의 분할 $\mathcal{P}$에 대하여 $\mathcal{P} = X/\sim_{\mathcal{P}}$가 성립한다. 즉, 임의의 $x, y \in X$와 $A \in 2^X$에 대하여

$$x \sim y \iff x \sim_{(X/\sim)} y, \qquad A \in \mathcal{P} \iff A \in X/\sim_{\mathcal{P}}$$

가 성립한다.

증명 먼저 $x \sim y$이면 $x \in [x]$, $y \in [x]$이고 $[x] \in X/\sim$이므로 $x \sim_{(X/\sim)} y$가 성립한다. 역으로, $x \sim_{(X/\sim)} y$이면 $x \in [z]$, $y \in [z]$인 $[z] \in X/\sim$이 존재한다. 그러면 $x \sim z$, $y \sim z$이므로 $x \sim y$임을 알 수 있다.

이제 두 번째 명제를 보이기 위하여 $A \in \mathcal{P}$라 가정하고, $a \in A$를 택하자. 만일 $x \in A$이면 정의에 의하여 $x \sim_{\mathcal{P}} a$이다. 만일 $x \sim_{\mathcal{P}} a$이면 $x \in B$, $a \in B$인 $B \in \mathcal{P}$가 존재하는데 $a \in A \cap B$이므로 $A = B$이고, 따라서 $x \in A$이다. 그러므로

$$A = \{x \in X : x \sim_{\mathcal{P}} a\} \in X/\sim_{\mathcal{P}}$$

임을 알 수 있다. 역으로 $A \in X/\sim_{\mathcal{P}}$이면 적절한 $a \in X$에 대하여 $A = \{x \in X : x \sim_{\mathcal{P}} a\}$이다. 한편 분할 $\mathcal{P}$에서 $a \in X$가 포함되는 것을 $B \in \mathcal{P}$라

하자. 그러면 방금 증명한 바에 의하여 $A = B$이고, 따라서 $A \in \mathcal{P}$임을 알 수 있다. □

보기 1.3.5. 홀수 전체의 집합을 O, 짝수 전체의 집합을 E라 두면 $\mathcal{P} = \{O, E\}$는 정수 전체의 집합 $\mathbb{Z}$의 분할이다. 그러면 동치관계 $\sim_{\mathcal{P}}$의 정의에 의하여

$$m \sim_{\mathcal{P}} n \iff m \text{ 과 } n \text{ 이 같이 짝수이거나 같이 홀수이다.}$$
$$\iff m - n \text{ 은 } 2 \text{ 의 배수이다.}$$

따라서 동치관계 $\sim_{\mathcal{P}}$는 보기 1.3.2에서 정의한 것과 마찬가지가 된다. □

집합 X에 동치관계 혹은 분할에 의하여 얻은 집합 $X/\sim$을 보통 **몫집합**이라 부르고, 다음 함수

$$q : X \to X/\sim \, : x \mapsto [x]$$

를 **몫사상**이라 부른다. 몫사상은 물론 전사사상이다. 함수 $f : X \to Y$가 다음 조건

$$x \sim y \implies f(x) = f(y) \tag{1.20}$$

을 만족한다 가정하자. 그러면 새로운 함수

$$\widetilde{f} : X/\sim \to Y : [x] \mapsto f(x)$$

를 정의할 수 있다. 여기서 이 정의가 잘 정의되어 있는지 살펴보아야 한다. 왜냐하면, $[x]$의 함수값을 정의하기 위하여 x를 이용하였는데 $[x]$를 대표하는 원소가 x 외에도 더 있을 수 있기 때문이다. 즉, $[x] = [y]$이면 $f(x) = f(y)$가 성립하여야 하는데, 이를 보장하는 것이 조건 (1.20)이다. 그러면 당연히 $\widetilde{f} \circ q = f$가 성립한다. 역으로, $\widetilde{f} \circ q = f$가 성립하는 함수 $\widetilde{f} : X/\sim \to Y$가 존재하면 조건 (1.20)이 성립하는 것은 당연하다.

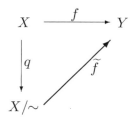

정리 1.3.2. 집합 X 및 동치관계 $\sim$와 함수 $f : X \to Y$에 대하여 다음은 동치이다.

(가) $\tilde{f} \circ q = f$인 함수 $\tilde{f} : X/\!\sim \to Y$가 유일하게 존재한다.

(나) $x \sim y$이면 $f(x) = f(y)$이다.

문제 1.3.9. 정리 1.3.2에서, 만일 $\tilde{f} \circ q = f$를 만족하는 $\tilde{f}$가 존재한다면 유일함을 보여라. 즉, 두 함수 $\phi, \psi : X/\!\sim \to Y$가 $\phi \circ q = \psi \circ q$이면 $\phi = \psi$임을 보여라.

문제 1.3.10. 함수 $\tilde{f}$가 전사일 필요충분조건은 f가 전사임을 보여라. 함수 $\tilde{f}$가 단사일 필요충분조건은

$$x \sim y \iff f(x) = f(y)$$

임을 보여라.

보기 1.3.6. 좌표평면 $\mathbb{R}^2$의 한 점 $A = (a_1, a_2)$에서 출발하여 $B = (b_1, b_2)$까지 가는 화살표 $\overrightarrow{AB}$ 전체의 집합을 X라 하자. 집합 X에 동치관계를 다음

$$\overrightarrow{AB} \sim \overrightarrow{CD} \iff B - A = D - C \tag{1.21}$$

로 정의하면[10] 동치관계임을 바로 확인할 수 있다. 이때, 임의의 $\overrightarrow{AB} \in X$에 대하여 $A + C = B$인 $C \in \mathbb{R}^2$를 잡으면 $\left[\overrightarrow{AB}\right] = \left[\overrightarrow{OC}\right]$이다. 여기서 물론 $O = (0,0)$이다. 따라서

$$X/\!\sim = \left\{ \left[\overrightarrow{OC}\right] : C \in \mathbb{R}^2 \right\}$$

임을 알 수 있다. 이때, 다음 함수

$$C \mapsto \left[\overrightarrow{OC}\right] : \mathbb{R}^2 \to X/\!\sim$$

은 전단사함수가 된다. 다시 말하여 좌표평면 위의 모든 벡터는 한 점에 의하여 결정된다. 따라서 $\mathbb{R}^2$의 원소 (a_1, a_2)를 벡터라 부르는데, 이는 원점에서 이 점까지 가는 화살표로 이해하는 것이다. □

---

[10] 여기서 $A + B = (a_1 + b_1, a_2 + b_2)$인데, $\overrightarrow{AB} \sim \overrightarrow{CD}$는 $A - C = B - D$, 즉 $\overrightarrow{AB}$와 $\overrightarrow{CD}$의 방향과 크기가 같다는 말이다.

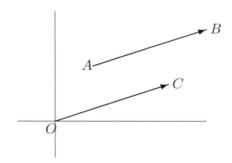

문제 1.3.11.   관계 (1.21)이 동치관계임을 보여라.

보기 1.3.7.   실수체 $\mathbb{R}$ 위의 벡터공간 V와 그 부분공간 W가 주어져 있을 때

$$x \sim_W y \iff x - y \in W$$

라 정의하면 동치관계가 된다. 임의의 $x \in V$에 대하여

$$[x] = \{y : x - y \in W\} = \{x + z : z \in W\}$$

가 되는데, $V/\sim_W$에 다음

$$[x] + [y] = [x + y], \qquad a[x] = [ax], \qquad x, y \in V, \, a \in \mathbb{R}$$

과 같이 연산을 정의하자. 이때, $[x + y]$를 정의하기 위하여 x를 이용하였지만 $[x]$를 대표하는 원소가 x만 있는 것이 아니므로, 이 정의가 잘 정의되어 있는가 살펴보아야 한다. 즉,

$$[x_1] = [x_2], \, [y_1] = [y_2] \implies [x_1 + y_1] = [x_2 + y_2], \, [ax_1] = [ax_2]$$

임을 증명하여야 한다. 먼저, $[x_1] = [x_2], \, [y_1] = [y_2]$이면 $x_1 \sim x_2, \, y_1 \sim y_2$이고, 따라서 $x_1 - x_2, y_1 - y_2 \in W$이다. 이로부터

$$(x_1 + y_1) - (x_2 + y_2) = (x_1 - x_2) + (y_1 - y_2) \in W,$$
$$ax_1 - ax_2 = a(x_1 - x_2) \in W$$

임을 알 수 있고, 따라서 원하는 결론을 얻는다. 이와 같이 새로이 정의된 연산에 대하여 $V/\sim_W$는 다시 벡터공간이 되는데, 이를 V/W라 쓰고 **몫공간**이라 부른다.   □

문제 1.3.12. 벡터공간 V의 분할 V/W이 다시 벡터공간이 됨을 보여라. 선형사상 $\phi : V \to Z$에 대하여 $\widetilde{\phi} \circ q = \phi$를 만족하는 선형사상 $\widetilde{\phi} : V/W \to Z$가 존재할 필요충분조건이

$$x \in W \implies \phi(x) = 0$$

임을 보여라.

1.4　　순서

집합 X의 관계 $R \subset X \times X$이 다음 조건

(순1) 임의의 $x \in X$에 대하여 $(x, x) \in R$이다,

(순2) $(x, y) \in R$, $(y, x) \in R$이면 $x = y$이다,

(순3) $(x, y) \in R$이고 $(y, z) \in R$이면 $(x, z) \in R$이다

를 만족하면 이를 **순서관계**라 한다. 순서관계는 보통 $\leq$로 표시하는데, 이 경우 위 세 조건은 다음

$$x \in X \; \longrightarrow \; x \leq x,$$
$$x \leq y, \; y \leq x \; \longrightarrow \; x = y,$$
$$x \leq y, \; y \leq z \; \longrightarrow \; x \leq z$$

과 같이 쓸 수 있다. 순서관계가 정의되어 있는 집합을 **순서집합**이라 한다. 만일 $x \leq y$이면서 $x \neq y$이면 $x < y$라 쓴다.

보기 1.4.1. 집합 $X = \{a, b, c\}$에

$$R = \{(a, a), (b, b), (c, c), (a, b), (a, c)\} \subset X \times X$$

에 의하여 관계를 정의하면 순서관계가 됨을 바로 확인할 수 있다. 이 경우, 원소 a, b, c 사이에는 다음 다섯 개의 순서

$$a \leq a, \quad b \leq b, \quad c \leq c, \quad a \leq b, \quad a \leq c$$

가 있게 된다.　　　　　　　　　　　　　　　　　　　　　　　　□

순서관계는 보다 단순하게 그림으로 표시할 수 있다. 원소들을 점으로 표시하고, 두 원소 사이에 순서가 정의되어 있는 경우 대응하는 점을 선분으로 잇되 큰 원소가 위쪽에 오도록 한다. 보기 1.4.1에 있는 순서집합을 이런 방식으로 그리면 표시하면 다음의 오른쪽 그림과 같다.

문제 1.4.1. (순1)과 (순2)를 만족하지만 (순3)을 만족하지 않는 관계의 예를 들어라. 마찬가지로, (순2), (순3)을 만족하지만 (순1)을 만족하지 않는 예, 그리고 (순3), (순1)을 만족하지만 (순2)를 만족하지 않는 예를 들어라.

문제 1.4.2. 자연수 전체의 집합 $\mathbb{N}$과 정수 전체의 집합 $\mathbb{Z}$에 보통 사용하는 순서를 정의하였을 때 나타나는 순서집합을 그림으로 나타내어라. 두 순서집합에 대하여 한쪽에서 성립하지만 다른 쪽에서는 성립하지 않는 성질의 예를 한 가지 들어라.

문제 1.4.3. 자연수 24의 약수 전체의 집합 X에 다음

$$x \leq y \iff x \text{는 } y \text{의 약수이다}$$

와 같이 정의하면 순서관계가 됨을 보이고, 이를 그림으로 나타내어라.

순서집합 X의 부분집합 $S \subset X$와 한 원소 $a \in X$에 대하여 다음 명제

$$x \in S \longrightarrow x \leq a$$

가 성립하면 a가 S의 **상계**라 한다. 순서집합의 부분집합이 상계를 가지면 이 집합을 **위로 유계**라 한다. 상계 중에서 가장 작은 원소를 **최소상계** 또는 **상한**이라 한다. 보다 구체적으로 말하여, $\alpha \in X$와 $S \subset X$가 다음 두 조건

(가) α는 S의 상계이다, 즉 $x \in S \longrightarrow x \leq \alpha$이다,

(나) β가 S의 상계이면 $\alpha \leq \beta$이다, 즉 모든 $x \in S$에 대하여 $x \leq \beta$이면 $\alpha \leq \beta$이다

를 만족하면 α를 S의 최소상계 혹은 상한이라 한다. 만일 집합 S가 상한을 가지면 위 정의 (나)로부터 오직 하나밖에 없음을 금방 알 수 있고, 그 상한을 $\sup S$라 쓴다.

보기 1.4.2. 순서집합 X의 어떤 원소가 부분집합 $\varnothing \subset X$의 상계인지 살펴보자. 원소 $a \in X$가 $\varnothing$의 상계라 함은

$$x \in \varnothing \longrightarrow x \le a$$

가 성립한다는 말인데, 이는 임의의 $a \in X$에 대하여 항상 성립한다. 실제로, 이 명제를 부정하면

$$x \le a \text{ 가 아닌 } x \in \varnothing \text{ 가 존재한다}$$

인데, 이는 $x \in \varnothing$이 성립할 수가 없으므로 당연히 틀린 명제이다. 따라서 임의의 원소는 공집합 $\varnothing$의 상계이다. □

보기 1.4.3. 실수집합에 우리가 잘 아는 순서를 부여하면, 구간

$$(0, 1) = \{x \in \mathbb{R} : 0 < x < 1\}$$

의 상계 전체의 집합은

$$\{x \in \mathbb{R} : x \ge 1\}$$

이고, 이 집합의 최소 원소는 1이다. 따라서

$$\sup(0, 1) = 1$$

이다. 마찬가지로 $[0, 1] = \{x \in \mathbb{R} : 0 \le x \le 1\}$이라 두면,

$$\sup[0, 1] = 1$$

이다. 이와 같이, 어느 집합의 상한은 그 집합의 원소일 수도 있고, 그렇지 않을 수도 있다. 만일 $\sup A$가 A의 원소가 되면, 이는 당연히 A의 최대 원소가 된다. □

마찬가지로 다음

$$x \in S \longrightarrow x \ge a$$

이 성립하면 a가 S의 **하계**라 하고, 순서집합의 부분집합이 하계를 가지면 이 집합을 **아래로 유계**라 한다. 또한, $\alpha \in X$와 $S \subset X$가 다음 두 조건

(가) α는 S의 하계이다,

(나) β가 S의 하계이면 $\alpha \ge \beta$이다

를 만족하면 α를 S의 **최대하계** 또는 **하한**이라 한다. 만일 집합 S가 하한을 가지면 오직 하나밖에 없는데, 그 하한을 $\inf S$라 쓴다.

문제 1.4.4. 순서집합 X에 대하여 다음이 동치임을 증명하여라.

  (가) 집합 $A \subset X$가 비어 있지 않고 위로 유계이면 상한을 가진다.
  (나) 집합 $A \subset X$가 비어 있지 않고 아래로 유계이면 하한을 가진다.

보기 1.4.4. 집합 X의 멱집합 2^X에 포함관계에 의한 순서를 부여하자. 즉 $A \subset B$일 때 $A \le B$로 정의하자는 말이다. 이 관계가 실제로 (순1)부터 (순3)까지 만족함은 자명하다. 집합족 $\mathcal{A} \subset 2^X$가 주어지면

$$\sup \mathcal{A} = \bigcup \mathcal{A}, \qquad \inf \mathcal{A} = \bigcap \mathcal{A}$$

이 된다. 우선, 임의의 $A \in \mathcal{A}$에 대하여 $A \le \bigcup \mathcal{A}$이므로 $\bigcup \mathcal{A}$는 $\mathcal{A}$의 상계이다. 만일 $S \in 2^X$가 $\mathcal{A}$의 상계라면, 임의의 $A \in \mathcal{A}$에 대하여 $A \subset S$이므로

$$x \in \bigcup \mathcal{A} \implies x \in A \text{ 인 } A \in \mathcal{A} \text{ 가 존재한다} \implies x \in S$$

가 성립한다. 따라서 $\bigcup \mathcal{A} \le S$이고, $\sup \mathcal{A} = \bigcup \mathcal{A}$이다.   □

문제 1.4.5. 등식 $\inf \mathcal{A} = \bigcap \mathcal{A}$을 증명하여라.

  보기 1.4.4에서, $X = \{1, 2, 3\}$일 때 순서집합 2^X는 다음과 같이 그림으로 나타낼 수 있다.

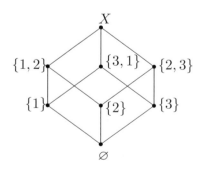

문제 1.4.6. 보기 1.4.4에서, $X = \{1, 2, 3, 4\}$ 일 때 순서집합 2^X 을 그림으로 나타내어라.

보기 1.4.5. 좌표공간 $\mathbb{R}^\nu$ 의 부분집합 $C \subset \mathbb{R}^\nu$ 가 다음 성질

$$x, y \in C,\ 0 \le t \le 1 \ \longrightarrow\ tx + (1-t)y \in C$$

을 만족하면 이를 **볼록집합**이라 한다. 볼록집합 C 의 볼록부분집합 F 가 다음 성질

$$x, y \in C,\ tx + (1-t)y \in F \text{ 인 } t \in (0, 1) \text{ 가 존재한다} \ \longrightarrow\ x, y \in F$$

을 만족하면 F 를 C 의 **면**이라 한다. 한 점으로 이루어진 면을 **꼭지점**이라 부른다. 볼록집합 C 의 면 전체의 집합 $\mathcal{F}(C)$ 는 포함관계에 의하여 순서집합이 된다.

만일 R 이 정사면체 $ABCD$ 이면 $\mathcal{F}(R)$ 은 원소 네 개인 집합

$$X = \{a, b, c, d\}$$

에 의한 2^X 와 같은 순서집합이다. 실제로 정사면체 R 의 면들은 꼭지점을 어떻게 선택하느냐에 달려 있다. 꼭지점을 선택하지 않으면 $\varnothing$, 하나를 선택하면 '꼭지점', 두 개를 선택하면 '모서리', 세 개를 선택하면 '면', 네 개를 모두 선택하면 자기 자신이 된다. 따라서 이러한 선택과 X 의 부분집합을 만드는 선택과 대응시키면 된다. 예를 들어, 모서리 $AC \in \mathcal{F}(R)$ 은 $\{a, c\} \in 2^X$ 와 대응된다. □

문제 1.4.7. 볼록집합 C 의 면들로 주어진 순서집합 $\mathcal{F}(C)$ 의 임의의 부분집합은 상한과 하한을 가짐을 증명하여라.

이제, 순서집합 X 의 두 원소 $x, y \in X$ 에 대하여

$$x \vee y = \sup\{x, y\}, \qquad x \wedge y = \inf\{x, y\}$$

라 쓰자. 임의의 두 원소 $x, y \in X$ 에 대하여 $x \vee y$ 및 $x \wedge y$ 가 존재하면 X 를 **격자**라 한다. 임의의 부분집합이 상한과 하한을 가지면 이를 **완비격자**라 부른다.

문제 1.4.8. 보기 1.4.4에서 두 집합 $A, B \in 2^X$ 가 주어졌을 때, $A \vee B$ 와 $A \wedge B$ 가 무엇인지 설명하여라. 이 순서집합이 완비격자인지 살펴보아라.

문제 1.4.9. 보기 1.4.5에서 두 면 $F, G \in \mathcal{F}(R)$이 주어졌을 때, $F \vee G$와 $F \wedge G$가 무엇인지 설명하여라.

상한의 정의를 다시 한 번 반복하면 $x \vee y$는 다음 두 가지 성질

$$x \le x \vee y, \qquad y \le x \vee y$$
$$x \le z, \, y \le z \, \longrightarrow \, x \vee y \le z$$

에 의하여 결정된다. 일반적으로, $X \times X$에서 X로 가는 함수가 주어지면 이를 X의 **이항연산**이라 부른다. 예를 들어서 자연수의 더하기와 곱하기 등은 모두 이항연산이다. 방금 정의한

$$(x, y) \mapsto x \vee y, \qquad (x, y) \mapsto x \wedge y$$

는 모두 이항연산인데, 임의의 $x, y, z \in X$에 대하여 다음 등식

$$
\begin{array}{ll}
x \vee x = x & x \wedge x = x \\
x \vee y = y \vee x & x \wedge y = y \wedge x \\
(x \vee y) \vee z = x \vee (y \vee z) & (x \wedge y) \wedge z = x \wedge (y \wedge z) \\
(x \vee y) \wedge x = x & (x \wedge y) \vee x = x
\end{array}
\tag{1.22}
$$

이 성립한다.

처음 두 가지 등식은 자명하다. 연산 $\vee$에 대한 결합법칙을 보이기 위하여 다음 부등식

$$(x \vee y) \vee z \le x \vee (y \vee z)$$

을 먼저 보이자. 우선 $x \le x \vee (y \vee z)$ 및 $y \le y \vee z \le x \vee (y \vee z)$로부터

$$x \vee y \le x \vee (y \vee z)$$

가 성립한다. 또한, $z \le y \vee z \le x \vee (y \vee z)$와 함께 생각하면 위 부등식이 성립함을 알 수 있다. 반대 부등식과 $\wedge$에 관한 결합법칙은 같은 방법으로 증명된다. 또한, 등식 $(x \vee y) \wedge x = x$를 보이려면

$$x \le x, \qquad x \le x \vee y$$
$$z \le x, \, z \le x \vee y \, \longrightarrow \, z \le x$$

를 보이면 되는데, 이는 자명하다.

문제 1.4.10. (1.22)에 나오는 등식들의 증명을 마무리하여라.

정리 1.4.1. 순서집합 X의 임의의 두 원소 $x, y \in X$에 대하여 $x \vee y$ 및 $x \wedge y$가 존재하면 (1.22)가 성립한다. 역으로, 집합 X에 이항연산 $\vee$과 $\wedge$가 정의되어 성질 (1.22)를 만족한다고 가정하자. 이때,

$$x \leq y \iff x \vee y = y$$

라 정의하면 X는 순서집합이 되고, 이 순서에 대하여 격자가 된다.

증명 첫째 명제는 이미 증명하였다. 먼저, $x \leq x$는 (1.22)의 첫번째 성질에서 나온다. 만일 $x \leq y$, $y \leq x$이면 $x \vee y = y$이고 $y \vee x = x$이다. 그런데 이항연산 $\vee$이 교환법칙을 만족하므로 $x = y$임을 알 수 있다. 만일 $x \leq y$, $y \leq z$이면

$$x \vee z = x \vee (y \vee z) = (x \vee y) \vee z = y \vee z = z$$

이므로 $x \leq z$가 성립한다. 이제, $\sup\{x, y\} = x \vee y$임을 보이자. 먼저

$$x \vee (x \vee y) = (x \vee x) \vee y = x \vee y$$

이므로 $x \leq x \vee y$가 성립하고, 여기에서 x와 y의 역할을 바꾸면

$$y \leq y \vee x = x \vee y$$

임을 알 수 있다. 끝으로, $x \leq z$, $y \leq z$이면

$$(x \vee y) \vee z = x \vee (y \vee z) = x \vee z = z$$

이고, 따라서 $x \vee y \leq z$이다. 그러므로 $\sup\{x, y\} = x \vee y$이 증명되었다. 등식 $\inf\{x, y\} = x \wedge y$의 증명은 연습문제로 남긴다. □

문제 1.4.11. 정리 1.4.1의 증명에서 등식 $\inf\{x, y\} = x \wedge y$을 증명하여라.

이 장에서는 우리가 어릴 때부터 사용하던 수의 더하기, 곱하기, 순서 등을 체계적으로 공부한다. 먼저 $0 = \varnothing$, $1 = \{0\}$, $2 = \{0, 1\}$ 등으로 자연수를 정의하고, 자연수 사이의 더하기 및 곱하기를 정의한다. 이러한 정의에 입각하여 교환법칙, 결합법칙, 배분법칙 등을 증명한다. 자연수의 순서와 관련하여 가장 중요한 성질은 임의의 자연수집합은 최솟값을 가진다는 것인데, 물론 자연수의 정의에 입각하여 이를 증명한다. 정수를 두 자연수의 차이로 이해하기 위하여, 자연수의 순서쌍들에 적절한 동치관계를 부여함으로써 정수집합을 만든다. 마찬가지로 정수의 순서쌍들에 적절한 동치관계를 부여하여 유리수집합을 만드는데, 유리수에서는 가감승제가 자유로워진다. 유리수체는 가장 작은 순서체이다. 이 장에서는 유리수로부터 실수를 구성하는 두 가지 방법을 소개하는데, 하나는 데데킨트가 고안한 절단을 이용하는 것이고, 또 다른 하나는 칸토어가 고안한 코시 수열을 이용하는 것이다. 이 두 가지 방법은 1872년 같은 해에 각각 발표되었다. 이 방법들은 사실상 같은 결과를 가져오는데, 마지막 절에서 임의의 완비순서체는 항상 같음을 보인다.

2.1 자연수

집합 A에 대하여 새로운 집합 A^+를 다음

$$A^+ = A \cup \{A\}$$

으로 정의한다. 예를 들어서, 공집합부터 출발하여 $0 = \varnothing$이라 두고,

$$1 = 0^+, \quad 2 = 1^+, \quad 3 = 2^+, \ldots$$

등으로 정의하면 다음

$$
\begin{aligned}
0 &= \varnothing \\
1 &= 0^+ = 0 \cup \{0\} = \varnothing \cup \{0\} = \{0\} \\
2 &= 1^+ = 1 \cup \{1\} = \{0\} \cup \{1\} = \{0, 1\} \\
3 &= 2^+ = 2 \cup \{2\} = \{0, 1\} \cup \{2\} = \{0, 1, 2\} \\
&\cdots
\end{aligned}
\tag{2.1}
$$

과 같이 된다. 다음 두 가지 성질

$$\varnothing \in \mathcal{A}, \qquad A \in \mathcal{A} \implies A^+ \in \mathcal{A} \tag{2.2}$$

을 가지는 집합 $\mathcal{A}$들 전체의 교집합을 $\mathbb{N}$이라 쓰고, 이 집합의 원소들을 **자연수**라 부른다. 집합 $\mathbb{N}$이 성질 (2.2)를 가지는 것은 바로 확인된다. 따라서 다음 정리의 (가), (나)가 성립하고, (2.1)과 같이 정의된 집합 $0, 1, 2, 3, \ldots$는 자연수이다.

문제 2.1.1. 집합 $\mathbb{N}$이 성질 (2.2)를 만족함을 보여라.

또한, $n^+ = n \cup \{n\}$은 공집합이 아니므로 다음 정리의 (다)도 당연하다. 다음 정리에 열거된 다섯 가지 성질은 **페아노**[1] **공리계**라 불린다.

정리 2.1.1. 집합 $\mathbb{N}$은 다음 성질들을 만족한다.

(가) $0 \in \mathbb{N}$.

(나) $n \in \mathbb{N} \implies n^+ \in \mathbb{N}$.

---

1) Giuseppe Peano (1858~1932), 이탈리아 수학자. 토리노(Turin)에서 공부하고 활동하였다.

(다) 임의의 $n \in \mathbb{N}$에 대하여 $n^+ \neq 0$이다.

(라) 자연수들의 집합 $X \subset \mathbb{N}$가 다음 두 성질

$$0 \in X, \qquad n \in X \Longrightarrow n^+ \in X \qquad (2.3)$$

을 만족하면 $X = \mathbb{N}$이다.

(마) 만일 $m, n \in \mathbb{N}$에 대하여 $m^+ = n^+$이면 $m = n$이다.

만일 $X \subset \mathbb{N}$가 성질 (2.2)를 가지면 당연히 $X = \mathbb{N}$이 되는데, 이를 다시 쓴 것이 (라)이다. 이는 **수학적 귀납법**을 사용할 수 있는 근거이다. 만일 자연수 $n \in \mathbb{N}$에 관한 명제 $P(n)$이 있을 때, $P(n)$이 성립하는 자연수 $n \in \mathbb{N}$들의 집합을 X라 두자. 만일 $P(0)$이 성립함을 알고,

$$P(n) \Longrightarrow P(n^+)$$

을 보이면 X가 성질 (2.3)을 만족한다는 말이 된다. 따라서 $X = \mathbb{N}$인데, 이는 임의의 자연수 $n \in \mathbb{N}$에 대하여 $P(n)$이 성립한다는 뜻이다.

이제, 정리 2.1.1의 (마)를 증명해보자. 우선,

$$n \in n^+ = m^+ = m \cup \{m\}$$

이므로 $n \in m$이거나 $n = m$이다. 마찬가지 방법으로 $m \in n$이거나 $n = m$이다. 따라서 다음

$$n \in \mathbb{N}, \ x \in n \Longrightarrow x \subset n \qquad (2.4)$$

을 증명하면 $n \subset m$과 $m \subset n$이 성립하여 증명이 끝난다. 이제 (2.4)를 증명하기 위하여

$$X = \{n \in \mathbb{N} : x \in n \Longrightarrow x \subset n\}$$

이라 두자. 먼저 $0 \in X$임은 분명하다. 즉, $x \in \varnothing \Longrightarrow x \subset \varnothing$은 옳은 명제이다. 이제 수학적 귀납법을 사용하기 위하여 $n \in X$라 가정하자. 만일 $x \in n^+ = n \cup \{n\}$이면 $x \in n$이거나 $x = n$이다. 만일 $x = n$이면 $x = n \subset n^+$이고, $x \in n$이면 귀납법 가정에 의하여 $x \subset n$이므로 $x \subset n \subset n^+$가 성립한다. 따라서 $X = \mathbb{N}$이고 (2.4)가 증명되었다.

다음 정리는 집합 X의 원소

$$\gamma(0), \gamma(1), \gamma(2), \ldots$$

가 특정 점화식을 만족하도록 귀납적으로 정의할 수 있음을 말해주는데, 자연수의 연산을 정의하는 데에 중요한 역할을 한다.

정리 2.1.2. 집합 X 의 한 원소 $a \in X$ 과 함수 $f : X \to X$ 에 대하여, 다음 성질

(가) $\gamma(0) = a$,

(나) 임의의 $n \in \mathbb{N}$ 에 대하여 $\gamma(n^+) = f(\gamma(n))$ 이 성립한다

를 만족하는 함수 $\gamma : \mathbb{N} \to X$ 가 유일하게 존재한다.

증명 먼저, (가)와 (나)를 동시에 만족하는 함수 γ_1 과 γ_2 가 있다고 가정하고,

$$Z = \{n \in \mathbb{N} : \gamma_1(n) = \gamma_2(n)\}$$

이라 두자. 먼저 (가)에 의하여 $0 \in Z$ 이다. 만일 $n \in Z$ 이면

$$\gamma_1(n^+) = f(\gamma_1(n)) = f(\gamma_2(n)) = \gamma_2(n^+)$$

이므로 $n^+ \in Z$ 이다. 따라서 수학적 귀납법에 의하여 $Z = \mathbb{N}$ 이고, 임의의 $n \in \mathbb{N}$ 에 대하여 $\gamma_1(n) = \gamma_2(n)$ 임을 알 수 있다.

이제, 존재성을 보이기 위하여 다음 성질

$$(0, a) \in A, \qquad (n, x) \in A \implies (n^+, f(x)) \in A \tag{2.5}$$

을 만족하는 $A \subset \mathbb{N} \times X$ 전체의 집합을 $\mathcal{A}$ 라 두면 $\mathbb{N} \times X \in \mathcal{A}$ 이므로 $\mathcal{A}$ 는 비어 있지 않다. 이제, $\gamma = \bigcap \mathcal{A}$ 라 두자. 만일 $\gamma \subset \mathbb{N} \times X$ 가 함수이면 다음

$$\gamma(n) = x \implies (n, x) \in \gamma$$
$$\implies (n^+, f(x)) \in \gamma$$
$$\implies \gamma(n^+) = f(x) = f(\gamma(n))$$

이 성립하므로, $\gamma \subset \mathbb{N} \times X$ 가 함수임을 보이면 증명이 끝난다.

이를 위하여 다시

$$\mathcal{X} = \{n \in \mathbb{N} : (n, x) \in \gamma \text{ 를 만족하는 } x \in X \text{ 가 유일하게 존재한다}\}$$

라 두고 귀납법을 사용한다. 만일 $0 \notin \mathcal{X}$ 라면 $(0, b) \in \gamma$, $b \neq a$ 인 $b \in X$ 가 존재한다. 그런데 $b \neq a$ 이므로, 정리 2.1.1 (다)에 의하여 $\gamma \setminus \{(0, b)\} \subset \mathbb{N} \times X$ 역시 성질 (2.5)를 만족한다. 이는 $\gamma = \bigcap \mathcal{A}$ 에 모순이다. 따라서 $0 \in \mathcal{X}$ 이

다. 이제 $n \in \mathcal{X}$이지만 $n^+ \notin \mathcal{X}$라 가정하자. 그러면 $(n^+, f(x)) \in \gamma$이므로 $(n^+, y) \in \gamma$, $y \neq f(x)$인 $y \in X$가 존재한다. 이번에도 역시 $\gamma \setminus \{(n^+, y)\} \in \mathcal{A}$임을 보이면

$$n \in \mathcal{X} \implies n^+ \in \mathcal{X}$$

가 증명되고, 따라서 모든 증명이 끝난다.

우선 $n^+ \neq 0$이므로 $(0, a) \in \gamma \setminus \{(n^+, y)\}$이다. 이제

$$(m, z) \in \gamma \setminus \{(n^+, y)\}$$

라 가정하자. 만일 $m = n$이면 $z = x$이고 또한 $y \neq f(x)$이므로 $(m^+, f(z)) = (n^+, f(x)) \in \gamma \setminus \{(n^+, y)\}$임을 알 수 있다. 만일 $m \neq n$이면 정리 2.1.1 (마)에 의하여 $m^+ \neq n^+$이고, 따라서

$$(m^+, f(z)) \in \gamma \setminus \{(n^+, y)\}$$

이다. □

정리 2.1.2를 적용하면, 각 자연수 $m \in \mathbb{N}$에 대하여

$$\gamma_m(0) = m, \qquad n \in \mathbb{N} \implies \gamma_m(n^+) = [\gamma_m(n)]^+$$

를 만족하는 함수 $\gamma_m : \mathbb{N} \to \mathbb{N}$이 유일하게 존재함을 알 수 있다. 이제, 두 자연수의 **더하기**를

$$m + n = \gamma_m(n), \qquad m, n \in \mathbb{N}$$

이라 정의하면

$$m + 0 = m, \qquad m + n^+ = (m + n)^+, \qquad m, n \in \mathbb{N}$$

이 성립한다. 결합법칙, 교환법칙, 항등원에 관한 것들을 증명하기 앞서

$$n^+ = 1 + n, \qquad n \in \mathbb{N}$$

임을 먼저 보이자. 먼저

$$0^+ = 1 = 1 + 0$$

이다. 이 등식이 자연수 n에 대하여 성립한다 가정하면

$$(n^+)^+ = (1 + n)^+ = 1 + n^+$$

이 성립하므로, 수학적 귀납법을 적용할 수 있다.

곱하기를 정의하는 것도 정리 2.1.2를 이용한다. 먼저, 각 자연수 $m \in \mathbb{N}$에 대하여

$$\delta_m(0) = 0, \qquad n \in \mathbb{N} \Longrightarrow \delta_m(n^+) = \delta_m(n) + m$$

이 성립하는 함수 $\delta_m : \mathbb{N} \to \mathbb{N}$을 잡은 후에,

$$mn = \delta_m(n), \qquad m, n \in \mathbb{N}$$

이라 정의한다. 그러면

$$m0 = 0, \qquad mn^+ = mn + m, \qquad m, n \in \mathbb{N}$$

이 성립한다.

정리 2.1.3. 임의의 $m, n, k \in \mathbb{N}$에 대하여 다음이 성립한다.

(가) $0 + n = n$, $(m + n) + k = m + (n + k)$ 및 $m + n = n + m$이다.

(나) $0n = 0$, $1n = n$, $(mn)k = m(nk)$ 및 $mn = nm$이다.

(다) $m(n + k) = mn + mk$ 및 $(n + k)m = nm + km$이다.

모든 증명은 귀납법을 사용한다. 먼저 $0 + 0 = 0$은 이미 알고 있고, $0 + n = n$이면 $0 + n^+ = (0 + n)^+ = n^+$이므로, (가)의 첫째 명제가 증명된다. 둘째 명제는 m, n을 고정하고 k에 관한 귀납법을 사용하면 된다. 셋째 명제 역시 m을 고정하고 n에 관한 귀납법을 사용하면 된다. 명제 (나), (다) 역시 수학적 귀납법을 사용하여 증명한다.

문제 2.1.2. 정리 2.1.3을 증명하여라.

문제 2.1.3. 정리 2.1.2를 이용하여 m^n을 정의하고, 다음 연산 법칙들

$$m^{n+k} = m^n m^k, \qquad (mn)^k = m^k n^k \qquad (m^n)^k = m^{nk}$$

을 증명하여라.

이제 집합 $\mathbb{N}$에 순서를 정의하고 이 절을 맺기로 한다. 두 자연수 $m, n \in \mathbb{N}$에 대하여

$$m \leq n \iff m \in n \text{ 혹은 } m = n$$

이라 정의한다. 먼저 $m \leq m$임은 당연하다. 또한 $m \leq n$과 $n \leq m$이 동시에 성립한다 가정하자. 만일 $m \neq n$이면 $m \in n$과 $n \in m$이고, (2.4)에 의하여 $m \subset n$, $n \subset m$이 성립므로 $m = n$이 된다. 이제, $m \leq n$, $n \leq k$라 가정하자. 그러면 다음

$$m \in n,\; n \in k \qquad m \in n,\; n = k \qquad m = n,\; n \in k \qquad m = n,\; n = k$$

네 경우가 생긴다. 처음 세 경우에는 $m \in k$가 성립하고, 나머지 경우에는 $m = k$가 성립하므로 $m \leq k$임을 알 수 있다. 따라서 $\leq$는 순서관계가 된다.

임의의 자연수 $n \in \mathbb{N}$에 대하여 다음

$$n \notin n$$

이 성립한다. 이를 수학적 귀납법으로 보이려면

$$n \notin n \implies n^+ \notin n^+$$

임을 보이면 되는데, 그 대우 명제인

$$n^+ \in n^+ \implies n \in n$$

이 성립함을 보이자. 만일 $n^+ \in n^+ = n \cup \{n\}$이면 $n^+ \in n$이거나 $n^+ = n$이다. 만일 $n^+ \in n$이면 (2.4)에 의하여 $n \subset n^+ \subset n$이므로 $n^+ = n$이다. 어느 경우이거나 $n^+ = n$인데, 이로부터 $n \cup \{n\} = n^+ = n$이므로 $\{n\} \subset n$이고, 따라서 $n \in n$이다. 그러므로 다음

$$m \leq n,\; m \neq n \iff m \in n$$

이 성립함을 알 수 있다.

다음 정리는 자연수집합에 정의된 순서관계의 핵심적인 성질이다. 두 자연수 $m, n \in \mathbb{N}$이 $m \in n$일 때, $m < n$이라 쓴다. 따라서 다음

$$m \leq n,\; m \neq n \iff m < n$$

이 성립한다.

문제 2.1.4. 임의의 자연수 $n \in \mathbb{N}$에 대하여 $n < n^+$임을 보여라.

정리 2.1.4. 비어 있지 않은 자연수들의 집합은 최소 원소를 가진다.

증명 비어 있지 않은 자연수들의 집합 $A \subset \mathbb{N}$가 최소 원소를 가지지 않는다고 가정하고,

$$X = \{n \in \mathbb{N} : m \in A \implies n \leq m\}$$

이라 두자. 만일 $k \in X \cap A$이면 k는 A의 최소 원소가 되므로 $X \cap A = \varnothing$ 이어야 한다. 이제 귀납법을 이용하여 $X = \mathbb{N}$임을 보이면 $A = \varnothing$이 되어서 모순을 얻는다.

이를 위하여 먼저 $0 \in X$, 즉 임의의 $m \in \mathbb{N}$에 대하여 $0 \leq m$임을 보이는데, 이 또한 귀납법을 사용한다. 먼저 $0 \leq 0$은 자명하다. 만일 $0 \leq m$이면, $m \in m^+$ 에서 $m \leq m^+$이므로 $0 \leq m^+$를 얻는다. 다음으로 $n \in X \implies n^+ \in X$을 보이기 위하여 $n \in X$를 가정하자. 즉,

$$m \in A \implies n \leq m$$

을 가정하자. 만일 $n \in A$이면 n은 A의 최소 원소이고, 이는 가정에 어긋난다. 따라서 $n \notin A$이고, 다음

$$m \in A \implies n < m$$

이 성립한다. 이제 다음

$$n < m \implies n^+ \leq m \tag{2.6}$$

을 보이면 모든 증명이 끝난다. 이 역시 n을 고정하고 m에 대한 귀납법을 사용하기 위하여

$$Y = \{m \in \mathbb{N} : n < m \implies n^+ \leq m\}$$

이라 두자. 먼저 $n < 0$이면 $n \in \varnothing$인데 이러한 원소 n이 없으므로 $0 \in Y$임은 자명하다. 이제, $m \in Y$라 가정하자. 만일 $n < m^+$이면 $n \in m^+ = m \cup \{m\}$ 이고, 따라서 $n \in m$이거나 $n = m$이다. 먼저 $n \in m$이면 $n < m$이므로 귀납법 가정에 의하여 $n^+ \leq m < m^+$이고, $n = m$이면 $n^+ = m^+$이므로, 어느 경우나 $n^+ \leq m^+$이다. 따라서

$$n < m^+ \implies n^+ \leq m^+$$

가 성립하고 $m^+ \in Y$임을 알 수 있다. □

문제 2.1.5. $m \leq n \iff m^+ \leq n^+$임을 보여라.

두 자연수 $m, n \in \mathbb{N}$에 대하여 $\{m, n\} \subset \mathbb{N}$는 최소 원소를 가지는데, 최소 원소가 m이면 $m \leq n$이고, 최소 원소가 n이면 $n \leq m$이다. 따라서 다음을 얻는다.

따름정리 2.1.5. 임의의 두 자연수 $m, n \in \mathbb{N}$에 대하여 $m \leq n$ 혹은 $n \leq m$이 성립한다.

다음 성질

$$n \in \mathbb{N} \implies n = 0 \text{ 혹은 } n = m^+ \text{ 인 } m \in \mathbb{N} \text{ 이 존재한다} \tag{2.7}$$

은 따름정리 2.1.6과 정리 2.1.7의 증명과정에서 유용하게 쓰인다.

문제 2.1.6. 귀납법을 이용하여 명제 (2.7) 을 증명하여라.

따름정리 2.1.6. 위로 유계이며 비어 있지 않은 자연수들의 집합 $A \subset \mathbb{N}$는 최대 원소를 가진다.

증명 집합 A의 상계 전체의 집합을 B라 두면, 가정에 의하여 $B \neq \varnothing$이고 정리 2.1.4에 의하여 최소 원소 $k \in \mathbb{N}$를 가진다. 임의의 $n \in A$에 대하여 $n \leq k$이므로 $k \in A$임을 보이면 k가 A의 최대 원소임이 증명된다. 이제, $k \notin A$이라 가정하자. 그러면 $n \in A$을 하나 잡았을 때 $k > n \geq 0$이고, 따라서 (2.7)에 의하여 $k = s^+$이다. 만일 $s \notin B$이면 $s < t$인 $t \in A$가 존재하고, $s^+ \leq t \leq k = s^+$이므로 $k = t \in A$가 되어서 모순이다. 따라서 $s \in B$인데, $s < k$이므로 이는 k가 B의 최소 원소라는 데에 모순이다. 그러므로 $k \in A$임을 알 수 있다. □

다음 정리는 정수를 정의하는 데에 중요한 역할을 하는데, 큰 수에서 작은 수를 뺄 수 있음을 말해준다.

정리 2.1.7. 만일 $n = m + k$이면 $n \geq m$이다. 역으로, 두 자연수 $m, n \in \mathbb{N}$에 대하여 $n \geq m$이면, $n = m + k$을 만족하는 자연수 $k \in \mathbb{N}$이 유일하게 존재한다.

정리의 유일성을 명확하게 쓰면 다음

$$m + k = m + \ell \implies k = \ell \tag{2.8}$$

과 같이 된다.

증명 첫째 명제는 $m + k \geq m$을 보이면 되는데, k에 관한 귀납법을 사용한다. 먼저, $k = 0$이면 당연하고, $m + k \geq m$이라 가정하면,

$$m + k^+ = (m + k)^+ > m + k \geq m$$

이 된다.

둘째 명제의 존재성을 보이기 위하여

$$X = \{\ell \in \mathbb{N} : m + \ell \geq n\}$$

라 두면, $n \in X$이므로 $X \neq \varnothing$이다. 따라서 정리 2.1.4에 의하여 X는 최소 원소 $k \in X$를 가지는데, $n = m + k$임을 증명하면 된다. 이를 위하여 $m + k > n$라 가정하자. 만일 $k = 0$이면 $m > n$이 가정에 어긋나므로 $k \neq 0$이고, (2.7)에 의하여 $k = s^+$(단, $s \in \mathbb{N}$)으로 쓸 수 있다. 그러면

$$(m + s)^+ = m + s^+ = m + k > n$$

에서 $m + s \geq n$이고, 따라서 $s \in X$인데 $s < s^+ = k$이므로 k가 X의 최소 원소라는 데에 모순이다.

이제 (2.8)을 보이면 증명이 끝나는데, k에 관한 귀납법을 사용한다. 먼저

$$m + 0 = m + \ell \implies 0 = \ell$$

을 보이자. 만일 $m = m + \ell$인데 $\ell \neq 0$이면 $\ell = s^+$이고,

$$m = m + \ell = m + s^+ = (m + s)^+ \geq m^+ > m$$

이 되어서 모순이다. 이제 (2.8)이 성립한다고 가정하고 $m + k^+ = m + \ell$이라 하자. 만일 $\ell = 0$이면 방금 증명한 바에 의하여 $k^+ = 0$이므로, $\ell \neq 0$이고 $\ell = t^+$이다. 그러면

$$(m + k)^+ = m + k^+ = m + \ell = m + t^+ = (m + t)^+$$

에서 $m + k = m + t$를 얻고, 귀납법 가정에 의하여 $k = t$ 및 $k^+ = t^+ = \ell$을 얻는다. □

문제 2.1.7. 다음을 증명하여라.

(가) $m + k \leq m + \ell \iff k \leq \ell$

(나) $mk \leq m\ell \iff k \leq \ell$ (단, $m \neq 0$)

정리 2.1.8. 자연수 $m, \ell \in \mathbb{N}$이 $0 < m \leq \ell$이면 다음

$$\ell = mn + r, \qquad 0 \leq r < m$$

을 만족하는 자연수 $n, r \in \mathbb{N}$이 유일하게 존재한다.

증명 자연수 집합 $P = \{k \in \mathbb{N} : mk \leq \ell\}$는 1을 포함하므로 공집합이 아니다. 또한, 임의의 $k \in P$에 대하여 $k \leq mk \leq \ell$이므로 P는 위로 유계이다. 따라서 따름정리 2.1.6에 의하여 최대원소 n을 가진다. 그러면 $mn \leq \ell < mn^+ = mn + m$이므로, 정리 2.1.7에 의하여

$$\ell = mn + r$$

을 만족하는 $r \in \mathbb{N}$이 존재한다. 이때, $mn + r < mn + m$이므로 $r < m$이 성립한다.

이제, 유일성을 보이기 위하여

$$\ell = mk + s, \qquad 0 \leq s < m$$

이면서 $k \neq n$이라고 가정하자. 그러면 $k < n$이거나 $k > n$이다. 만일 $k < n$이면 $k^+ \leq n$이므로 $mk^+ \leq mn \leq \ell$인데,

$$\ell = mk + s < mk + m = mk^+$$

이므로 모순이다. 마찬가지로, $k > n$인 경우에도 모순을 얻는다. 따라서 n의 유일성이 증명되고, r의 유일성은 정리 2.1.7에서 나온다. □

정수와 유리수

자연수 $m, n \in \mathbb{N}$이 $n \leq m$이면 정리 2.1.7에 의하여 $m = n + k$인 자연수 $k \in \mathbb{N}$이 유일하게 존재하는데, 이러한 k를 $m - n$으로 쓰자. 이제, $m < n$ 인 경우에도 $m - n$이 뜻을 가지게끔 수의 범위를 넓히려고 한다. 이러한 표현 $m - n$은 두 자연수 m, n의 순서에 의존하므로, $m - n$ 대신에 순서쌍 (m, n)을 생각하되 $m \geq n$이란 제한을 없애고 집합

$$\mathbb{N} \times \mathbb{N} = \{(m, n) : m, n \in \mathbb{N}\}$$

에서 시작하기로 하자. 집합 $\mathbb{N} \times \mathbb{N}$에 다음

$$(m, n) \sim (m', n') \iff m + n' = n + m'$$

과 같이 관계를 정의하면, $\sim$은 1.3절의 보기 1.3.3에서 보는 바와 같이 $\mathbb{N} \times \mathbb{N}$의 동치관계이고

$$m \geq k,\ n \geq k \implies (m, n) \sim (m - k, n - k) \tag{2.9}$$

가 성립함을 금방 알 수 있다.

문제 2.2.1. 명제 (2.9)가 성립함을 보여라.

이제 $(m, n) \in \mathbb{N} \times \mathbb{N}$을 원소로 가지는 $\mathbb{N} \times \mathbb{N}$의 동치류 $[(m, n)]$을 간단히 $[m, n]$으로 표시한다. 집합 $\mathbb{N} \times \mathbb{N}/\sim$을 $\mathbb{Z}$라 쓰고 $\mathbb{Z}$의 원소를 **정수**라 부른다. 위의 관계 (2.9)를 적용하면, 집합 $\mathbb{Z}$의 모든 원소를 적당한 자연수 $n = 1, 2, \ldots$ 에 대하여 다음

$$[n, 0], \qquad [0, 0], \qquad [0, n] \tag{2.10}$$

중의 하나로 표현할 수 있음을 쉽게 알 수 있다. 이제 집합 $\mathbb{Z}$에 다음

$$[m, n] \geq [k, \ell] \iff m + \ell \geq n + k \tag{2.11}$$

과 같이 관계를 정의하자. 만일 $(m, n) \sim (m', n')$이고 $(k, \ell) \sim (k', \ell')$이면 정리 2.1.7에 의하여

$$m + \ell \geq n + k \iff m' + \ell' \geq n' + k'$$

임을 알 수 있다. 따라서 정의 (2.11)이 잘 정의되어 있고 이는 순서관계가 된다.

문제 2.2.2. 정의 (2.11)이 잘 정의된 순서관계임을 보여라.

정리 2.2.1. 정수집합 $\mathbb{Z}$에 대하여 다음이 성립한다.

(가) 임의의 원소 $a, b \in \mathbb{Z}$에 대하여 $a \geq b$이거나 $b \geq a$이다.

(나) 비어 있지 않은 $\mathbb{Z}$의 부분집합 A가 위로 유계이면 A는 최대원소를 가진다. 마찬가지로, 비어 있지 않은 $\mathbb{Z}$의 부분집합 A가 아래로 유계이면 A는 최소원소를 가진다.

증명 만일 $m \geq n$이면

$$[m, 0] \geq [n, 0] \geq [0, 0] \geq [0, n] \geq [0, m]$$

이 성립하므로 (가)가 증명된다.

이제, (나)를 증명하기 위하여 집합 A가 위로 유계라 가정하고, 모든 정수를 (2.10)에 있는 형태로 표시하여

$$B = \{k \in \mathbb{N} : [k, 0] \in A\}$$

라 두자. 만일 $B \neq \varnothing$이면 B가 위로 유계이므로 따름정리 2.1.6에 의하여 최대원소 n을 가지는데, $[n, 0]$이 A의 최대 원소임을 바로 확인할 수 있다. 만일 $B = \varnothing$이면 A의 모든 원소들은 $[0, k]$의 꼴로 표시된다. 이때,

$$C = \{k \in \mathbb{N} : [0, k] \in A\}$$

의 최소 원소를 m이라 두면 $[0, m]$이 A의 최대 원소임을 알 수 있다. 집합 A가 아래로 유계인 경우도 마찬가지이다.   □

문제 2.2.3. 정리 2.2.1의 증명을 마무리하여라.

이제, 정수 사이의 더하기를 다음

$$[m, n] + [k, \ell] = [m + k, n + \ell] \tag{2.12}$$

과 같이 정의하자. 그러면 이 연산이 잘 정의되어 있고 교환법칙과 결합법칙을 만족한다. 특히 $\mathbb{Z}$의 원소 $[0, 0]$은 항등원의 역할을 한다. 또한, 정수 $[n, m]$이 $[m, n]$의 역원이 됨을 알 수 있다.

문제 2.2.4. 집합 $\mathbb{Z}$에 정의된 연산 (2.12)가 잘 정의되어 있고, 결합법칙과 교환법칙 성립함을 보여라.

이제 정수의 곱하기를 정의하자. 집합 $\mathbb{N} \times \mathbb{N}$의 원소 $[m, n]$과 $[k, \ell]$에 대하여

$$[m, n] \cdot [k, \ell] = [mk + n\ell, m\ell + nk] \tag{2.13}$$

이라 정의하면, 더하기의 경우와 마찬가지로 제대로 정의되어 있고 결합법칙과 교환법칙이 만족됨을 알 수 있다. 특히, $[1, 0]$은 곱하기의 항등원이다.

문제 2.2.5. 연산 (2.13)이 잘 정의되어 있고 결합법칙과 교환법칙이 성립함을 보여라. 또한, 집합 $\mathbb{Z}$에 정의된 연산 (2.12)와 (2.13)에 대하여 분배법칙이 성립함을 보여라.

문제 2.2.6. 만일 $[m, n] \cdot [k, \ell] = [0, 0]$이면 $[m, n] = [0, 0]$이거나 $[k, \ell] = [0, 0]$이 성립함을 보여라.

문제 2.2.7. 정수 집합 $\mathbb{Z}$에 곱하기에 관한 역원이 존재하지 않음을 보여라.

문제 2.2.8. 만일 $P_{\mathbb{Z}} = \{[n, 0] \in \mathbb{Z} : n \in \mathbb{N}, \ n \neq 0\}$이라 두면, 다음

$$a, \, b \in P_{\mathbb{Z}} \implies a + b, \, ab \in P_{\mathbb{Z}}$$

이 성립함을 보여라.

함수 $f : \mathbb{N} \to \mathbb{Z}$를

$$f : n \mapsto [n, 0] \tag{2.14}$$

로 정의하면 $f : \mathbb{N} \to \mathbb{Z}$가 단사함수이다. 또한 각 자연수 $m, n \in \mathbb{N}$에 대하여 다음

$$f(m + n) = f(n) + f(m)$$
$$f(mn) = f(m)f(n)$$
$$m \geq n \iff f(m) \geq f(n)$$

이 성립하므로, 더하기, 곱하기 및 순서에 관한 한 $\mathbb{N}$은 $\mathbb{Z}$의 부분집합으로 생각할 수 있다. 이제부터, (2.10)에 의하여 표시되는 정수를 각각 n, 0, $-n$으로 쓰기로 한다.

이제, 정수 전체의 집합 $\mathbb{Z}$을 확장하여 가감승제가 자유롭게 되도록 하려고 하는데, 그 전에 가감승제의 의미를 분명하게 짚고 넘어가는 것이 편리하다. 집합 F에 두 이항연산

$$(x, y) \mapsto x + y, \qquad (x, y) \mapsto x \cdot y$$

이 주어져서 다음에 열거한 성질 (체1)~(체9)를 만족하면 이를 **체**라고 한다. 앞으로 $x \cdot y$는 그냥 xy로 쓰기도 한다.

(체1) 임의의 $a, b, c \in F$에 대하여 $a + (b + c) = (a + b) + c$이다.

(체2) 다음 성질

$$\text{임의의 } a \in F \text{에 대하여 } a + e = e + a = a$$

을 만족하는 원소 $e \in F$가 존재한다.

위 성질을 만족하는 원소 $e' \in F$가 또 하나 있다면 $e = e + e' = e'$이다. 따라서 이러한 성질을 만족하는 원소는 하나밖에 없는데, 이를 앞으로 0이라 쓰고 더하기의 **항등원**이라 한다.

(체3) 각 $a \in F$에 대하여 다음 성질

$$a + x = x + a = 0$$

을 만족하는 원소 $x \in F$가 있다.

만일 위 성질을 가지는 원소 $y \in F$가 또 하나 있다면

$$x = x + 0 = x + (a + y) = (x + a) + y = 0 + y = y$$

가 되어서 이 성질을 가지는 원은 유일하다. 원소 $a \in F$에 의하여 결정되는 이 원소를 $-a$라 쓰고, 이를 더하기에 관한 a의 **역원**이라 한다. 또한 $b + (-a)$는 간단히 $b - a$로 쓴다.

(체4) 임의의 $a, b \in F$에 대하여 $a + b = b + a$이다.

(체5) 임의의 $a, b, c \in F$에 대하여 $a(bc) = (ab)c$이다.

(체6) 다음 성질

$$\text{임의의 } a \in F \text{에 대하여 } a \cdot 1 = 1 \cdot a = a$$

을 만족하는 0 아닌 원소 $1 \in F$이 존재한다.

(체7) 각 $a \in F \setminus \{0\}$에 대하여 다음 성질 $ax = xa = 1$을 만족하는 원소 $x \in F$가 존재한다.

물론 (체6)의 원소 1도 유일하며, 이 특정 원소를 1로 쓰고 곱하기의 **항등원**이라 한다. (체7)의 원소 x도 (체3)의 경우와 마찬가지로 a에 의하여 결정되는데, 이를 a^{-1} 혹은 $\dfrac{1}{a}$이라 쓰고 곱하기에 관한 a의 **역원**이라 한다.

(체8) 임의의 $a, b \in F$에 대하여 $ab = ba$이다.

(체9) 임의의 $a, b, c \in F$에 대하여 $a(b + c) = ab + ac$이다.

위 열거한 성질 가운데 (체1)부터 (체4)까지는 더하기에 관한 성질들이고, (체5)부터 (체8)까지는 곱하기에 관한 성질들임을 알 수 있다. 공리 (체9)는 물론 더하기와 곱하기가 어떻게 관련되어 있는가 하는 점을 나타낸다. 어떤 집합이 체라 함은 간단히 말하여 더하기와 곱하기가 정의되고 가감승제가 자유롭다는 뜻이다.

보기 2.2.1. 정수 전체의 집합 $\mathbb{Z}$에 다음

$$a \sim_n b \iff a - b \text{는 } n \text{의 배수이다}$$

과 같이 정의하면 이는 동치관계가 된다. 여기서, $n = 2, 3, 4, \ldots$ 이다. 몫집합 $\mathbb{Z}/\sim_n$을 $\mathbb{Z}_n = \{[0], [1], \ldots, [n-1]\}$이라 쓰고, 다음

$$[i] + [j] = [i + j], \qquad [i][j] = [ij]$$

과 같이 연산을 정의한다. 예들 들어, $\mathbb{Z}_5$에서는

$$[1] + [3] = [4], \qquad [3] + [4] = [7] = [2], \qquad [2][4] = [8] = [3]$$

과 같이 된다. 이 연산은 (체7)을 제외한 모든 체의 성질들을 만족한다. 이 연산이 언제 (체7)을 만족하는지 각자 따져보기 바란다. □

문제 2.2.9. 보기 2.2.1에 나오는 관계가 동치관계임을 보이고, 두 가지 연산이 잘 정의되어 있으며, (체7)을 제외한 모든 체의 성질들을 만족함을 보여라. 이 연산이 (체7)을 만족할 n에 관한 필요충분조건을 찾아라.

이제 체 위에 순서를 생각하려 하는데, 이를 설명하기 위하여 다음과 같이 양수라는 개념을 도입한다. 체 F의 부분집합 S에 대하여 집합 $-S$를

$$-S = \{-a : a \in S\}$$

로 정의하자.

체 F에 비어 있지 않은 부분집합 P가 존재하여 다음

(체순1) $a, b \in P \implies a + b, \, ab \in P$,

(체순2) $F = P \cup \{0\} \cup (-P)$,

(체순3) 집합 P, $\{0\}$ 및 $-P$는 서로소이다

와 같은 성질을 가지면 이를 **순서체**라 하고 P의 원소를 **양수**라 한다. 순서체 F의 두 원소 $a, b \in F$에 대하여, $a - b \in P$이면 a가 b보다 **크다**고 말하고 이를 $a > b$ 또는 $b < a$로 쓴다. 각 정수 $a, b, c \in \mathbb{Z}$에 대하여 (체1)–(체6)과 (체8)–(체9)가 성립하고, 0을 제외한 자연수 전체의 집합을 $P_{\mathbb{Z}} \subseteq \mathbb{Z}$라 두면 (체순1)–(체순3)이 성립한다.

문제 2.2.10. 유한집합[2])은 순서체가 될 수 없음을 보여라.

문제 2.2.11. 순서체에 정의된 양수 집합 P로부터 다음

$$a \leq b \iff b - a \in P \text{ 혹은 } a = b \tag{2.15}$$

과 같이 정의하면, 이는 순서관계가 됨을 보여라.

문제 2.2.12. 순서체 F의 임의의 원소 $a, b, c \in F$에 대하여 다음을 보여라.

(가) $a \geq b$, $a \leq b \implies a = b$.

(나) $a \leq b$, $b \leq c \implies a \leq c$.

(다) $a + b < a + c \iff b < c$.

(라) $a > 0$, $b < c \implies ab < ac$.

(마) $a < 0$, $b < c \implies ab > ac$.

(바) $a^2 \geq 0$, 특히 $1 > 0$.

(사) $0 < a < b \implies 0 < \dfrac{1}{b} < \dfrac{1}{a}$.

---

2) 집합 X와 적절한 자연수 $n = \{0, 1, 2, \ldots, n-1\}$ 사이에 전단사함수가 있으면 X를 유한집합이라 한다. 유한집합과 무한집합에 대해서는 3.4절에서 자세히 다룬다.

(아) $a, b > 0$이면 $a^2 < b^2 \iff a < b$.

순서체 F의 원소 $a \in F$의 **절댓값** $|a|$를 다음

$$|a| = \begin{cases} a, & a \geq 0, \\ -a, & a < 0. \end{cases}$$

과 같이 정의한다. 실수를 구성할 때에 중요한 역할을 한다.

정리 2.2.2. 순서체 F의 임의의 원소 $a, b, c \in F$에 대하여 다음이 성립한다.

(가) $|a| \geq 0$이다. 또한, $|a| = 0 \iff a = 0$.

(나) $|ab| = |a|\,|b|$.

(다) $b \geq 0$이면 $|a| \leq b \iff -b \leq a \leq b$.

(라) $||a| - |b|| \leq |a \pm b| \leq |a| + |b|$.

(마) $|a - c| \leq |a - b| + |b - c|$.

증명 (가), (나) 및 (다)는 가능한 모든 경우를 따로따로 따져 봄으로써 쉽게 밝힐 수 있다. 이제, (다)의 특수한 경우로서 $-|a| \leq a \leq |a|$임을 알 수 있고 b나 $-b$에 대하여도 마찬가지이므로

$$-(|a| + |b|) \leq a \pm b \leq |a| + |b|$$

를 얻고, (다)를 다시 적용하면

$$|a \pm b| \leq |a| + |b| \tag{2.16}$$

임을 알 수 있다. 부등식 $||a| - |b|| \leq |a \pm b|$는 방금 증명한 (2.16)으로부터 쉽게 유도되고, (마)는 (라)에서 바로 나온다. □

문제 2.2.13. 정리 2.2.2의 (가), (나), (다) 및 (라)의 첫째 부등식을 증명하여라.

이제, (체7)까지 성립하도록 '수'의 범위를 넓히고자 하는데, 이는 빼기를 하기 위하여 자연수를 정수로 확장하는 과정과 비슷하다. 집합 $\mathbb{Z} \times (\mathbb{Z} \setminus \{0\})$에 다음

$$(a, b) \sim (c, d) \iff ad = cb \tag{2.17}$$

과 같이 관계를 정의하면, 이는 $\mathbb{Z} \times (\mathbb{Z} \setminus \{0\})$의 동치관계가 된다. 집합 $\mathbb{Z} \times (\mathbb{Z} \setminus \{0\})/\sim$을 $\mathbb{Q}$라 쓰고, $\mathbb{Q}$의 각 원소를 유리수라 부른다. 여기서도, 각 유리수를 나타내는 동치류 $[(a, b)]$를 그냥 $[a, b]$로 쓴다. 이제, 더하기와 곱하기를

$$[a, b] + [c, d] = [ad + cb, bd], \qquad [a, b] \cdot [c, d] = [ac, bd] \qquad (2.18)$$

라 정의한다. 만일 각 $a \in \mathbb{Z}$에 대하여 $a^* = [a, 1]$이라 쓰면 0^*과 1^*은 각각 더하기와 곱하기에 대한 항등원이 된다.

문제 2.2.14. 관계 (2.17)이 동치관계임을 보여라. 정의 (2.18)이 잘 정의되어 있음을 보여라. 유리수 전체의 집합 $\mathbb{Q}$가 체임을 보여라.

집합 $P_\mathbb{Z}$가 (체순2), (체순3)을 만족하므로, 집합 $\mathbb{Z} \times (\mathbb{Z} \setminus \{0\})$의 모든 원소는

$$\{0\} \times (\mathbb{Z} \setminus \{0\}), \ P_\mathbb{Z} \times P_\mathbb{Z}, \quad P_\mathbb{Z} \times (-P_\mathbb{Z}), \ (-P_\mathbb{Z}) \times P_\mathbb{Z}, \ (-P_\mathbb{Z}) \times (-P_\mathbb{Z})$$

로 분할된다. 그런데 임의의 $(a, b) \in \mathbb{Z} \times (\mathbb{Z} \setminus \{0\})$에 대하여

$$(a, b) \sim (-a, -b)$$

이므로, 임의의 유리수는 다음 세 집합

$$\{0\} \times P_\mathbb{Z}, \qquad P_\mathbb{Z} \times P_\mathbb{Z}, \qquad (-P_\mathbb{Z}) \times P_\mathbb{Z}$$

에 속하는 원소들을 대표원으로 하는 동치류에 의하여 결정된다. 이제

$$P_\mathbb{Q} = \{[a, b] : (a, b) \in P_\mathbb{Z} \times P_\mathbb{Z}\}$$

라 정의하면, (체순2), (체순3)을 만족한다. 또한, $P_\mathbb{Z}$가 (체순1)을 만족하므로, 정의 (2.18)에 의하여 당연히 $P_\mathbb{Q}$도 (체순1)을 만족한다. 따라서 $\mathbb{Q}$는 순서체임을 알 수 있고, (2.15)에 의하여 순서관계가 주어진다.

문제 2.2.15. 임의의 $[a, b], [c, d] \in \mathbb{Q}$에 대하여

$$[a, b] \geq [c, d] \iff abd^2 \geq cdb^2$$

이 성립함을 보여라.

함수 $a \mapsto a^* = [a, 1] : \mathbb{Z} \to \mathbb{Q}$ 가 단사함수임은 자명하다. 또한, 다음 성질들

$$(a + b)^* = a^* + b^*$$

$$(ab)^* = a^* b^*$$

$$a \geq b \iff a^* \geq b^*$$

이 성립하므로, 더하기, 곱하기 및 순서에 관한 한 $\mathbb{Z}$은 $\mathbb{Q}$의 부분집합으로 생각할 수 있다. 이제부터 유리수 $[a, b]$를 그냥 $\dfrac{a}{b}$라 쓴다.

임의의 순서체 F는 더하기와 곱하기에 관한 항등원 0과 1을 가진다. 정리 2.1.2를 적용하면 다음 성질

$$\gamma(0) = 0$$

$$\gamma(n + 1) = \gamma(n^+) = \gamma(n) + 1, \qquad n \in \mathbb{N}$$

을 만족하는 함수 $\gamma : \mathbb{N} \to F$가 유일하게 존재한다. 여기서 좌변의 더하기는 $\mathbb{N}$에서 정의된 더하기이고, 우변의 더하기는 순서체 F의 더하기이다. 특히, 우변의 0과 1은 순서체 F의 더하기와 곱하기에 관한 항등원이다. 이제,

$$\gamma(n + m) = \gamma(n) + \gamma(m), \quad \gamma(nm) = \gamma(n)\gamma(m), \qquad m, n \in \mathbb{N} \qquad (2.19)$$

이 성립함을 보이자. 먼저 $m = 0$이면 당연하다. 만일 $m \in \mathbb{N}$에 대하여 성립한다면

$$\gamma(n + m^+) = \gamma((n + m)^+) = \gamma(n + m) + 1$$

$$= \gamma(n) + \gamma(m) + 1 = \gamma(n) + \gamma(m^+)$$

이므로, 임의의 $m, n \in \mathbb{N}$에 대하여 (2.19)의 첫째 식이 성립한다. 둘째 식 역시 $m = 0$이면 당연하고, 귀납법 가정에 의하여

$$\gamma(nm^+) = \gamma(nm + n) = \gamma(nm) + \gamma(n)$$

$$= \gamma(n)\gamma(m) + \gamma(n) = \gamma(n)[\gamma(m) + 1] = \gamma(n)\gamma(m^+)$$

가 되어 증명된다. 또한, 임의의 순서체에서 $0 < 1$이므로 $1 \in P_F$이다. 만일 $\gamma(n) \in P_F$이면 $\gamma(n^+) = \gamma(n) + 1 \in P_F$가 되어 다음

$$\gamma(n) \in P_F, \qquad n = 1, 2, \dots \qquad (2.20)$$

이 성립함을 알 수 있다. 끝으로 $\gamma : \mathbb{N} \to F$가 단사함수임을 보이자. 이를 위하여 $n > m$, $\gamma(n) = \gamma(m)$이라 가정하자. 그러면 $n = m + k$인 $k \in \mathbb{N} \setminus \{0\}$

를 잡을 수 있고,

$$\gamma(k) = [\gamma(m) + \gamma(k)] - \gamma(m)$$
$$= \gamma(m + k) - \gamma(m) = \gamma(n) - \gamma(m) = 0$$

인데, 이는 (2.20)에 모순이다. 따라서 $\gamma : \mathbb{N} \to F$는 (2.19)와 (2.20)을 만족하는 단사함수이다.

이제, $\mathbb{N} \subset \mathbb{Z} \subset \mathbb{Q}$임을 염두에 두고, 함수 $\gamma : \mathbb{N} \to F$의 정의역을 $\mathbb{Q}$에 확장하자. 먼저, 함수 $\gamma : \mathbb{Z} \to F$를

$$\gamma(n) = \gamma(n), \qquad \gamma(-n) = -\gamma(n), \qquad n \in \mathbb{N}$$

이라 정의한다. 두 함수 $\gamma : \mathbb{N} \to F$와 $\gamma : \mathbb{Z} \to F$는 그 함수값이 $\mathbb{N}$ 위에서 일치하므로, 같은 기호를 사용해도 무방하다. 마찬가지로 $\gamma : \mathbb{Q} \to F$를 다음

$$\gamma\left(\frac{a}{b}\right) = \frac{\gamma(a)}{\gamma(b)}, \qquad (a, b) \in \mathbb{Z} \times (\mathbb{Z} \setminus \{0\})$$

과 같이 정의한다. 이렇게 정의된 함수 $\gamma : \mathbb{Q} \to F$가 잘 정의되어 있고, (2.19)와 (2.20)을 만족하는 단사함수가 됨은 각자 살펴보기 바란다.

정리 2.2.3. 임의의 순서체 F에 대하여 다음 성질

(가) 임의의 $r, s \in \mathbb{Q}$에 대하여

$$\gamma(r + s) = \gamma(r) + \gamma(s), \qquad \gamma(rs) = \gamma(r)\gamma(s)$$

가 성립한다,

(나) $\gamma(P_{\mathbb{Q}}) = \gamma(\mathbb{Q}) \cap P_F$ 이다

을 만족하는 단사함수 $\gamma : \mathbb{Q} \to F$가 유일하게 존재한다.

문제 2.2.16. 정리 2.2.3의 증명을 마무리하여라. 또한 F의 곱하기에 관한 항등원을 1_F이라 두면, 임의의 $r \in \mathbb{Q}$에 대하여 $\gamma(r) = r \cdot 1_F$임을 보여라.

정리 2.2.3은 임의의 순서체 F가 유리수체 $\mathbb{Q}$를 포함할 뿐 아니라 두 순서체의 연산과 순서를 구별할 필요가 없음을 말해준다. 앞으로 순서체 F에 대하여 논의하는 경우 그 안에 유리수체가 있는 것으로, 즉 $\mathbb{Q} \subset F$인 것으로 간주한다.

정리 2.2.4. 순서체 F에 대하여 다음은 동치이다.

(가) $x > 0$이면 $x > \dfrac{1}{n}$인 자연수 $n = 1, 2, \ldots$ 이 존재한다.

(나) $y > 0$이면 $y < n$인 자연수 $n = 1, 2, \ldots$ 이 존재한다.

(다) 집합 $\mathbb{N} \, (\subset F)$은 위로 유계가 아니다.

(라) 임의의 $x, y > 0$에 대하여 $y < nx$를 만족하는 자연수 $n = 1, 2, \ldots$ 이 존재한다.

순서체 F가 위 명제의 동치 조건들을 만족하면 **아르키메데스**[3] 성질을 만족한다고 말한다.

문제 2.2.17. 정리 2.2.4를 증명하여라.

정리 2.2.5. 유리수체는 아르키메데스 성질을 만족한다.

증명 만일 $m, n \in P_\mathbb{Z}$이면 $\dfrac{n}{m} < 2n$이다. □

2.3 데데킨트 절단과 실수

이제, 유리수로부터 실수를 구성하여 보자. 유리수들의 집합 $\alpha \subset \mathbb{Q}$가 다음 성질들

(절1) $\alpha \neq \varnothing$, $\alpha \neq \mathbb{Q}$이다,

(절2) 만일 $p \in \alpha$, $q \in \mathbb{Q}$, $q < p$이면 $q \in \alpha$이다,

(절3) 만일 $p \in \alpha$이면 $p < r$인 $r \in \alpha$가 존재한다

---

3) Archimedes (287~212 B.C.). 아르키메데스 성질을 만족하지 않는 순서체의 예를 알고 싶은 이는 참고문헌 [28], 2.5절의 연습문제 8~10번 혹은 [16], 1장을 참조하라.

를 만족하면, 이를 **데데킨트**[4]**절단** 혹은 그냥 **절단**이라 한다. 데데킨트 절단 전체의 집합을 $\mathbb{R}$이라 쓰고, 이 집합의 원소, 즉 데데킨트 절단을 **실수**라 부른다. 임의의 $r \in \mathbb{Q}$에 대하여

$$r^* = \{p \in \mathbb{Q} : p < r\}$$

은 절단이다.

문제 2.3.1. 임의의 $r \in \mathbb{Q}$에 대하여 r^*가 절단임을 보여라.

보기 2.3.1. 집합

$$\alpha = \{p \in \mathbb{Q} : p \le 0\} \cup \{p \in \mathbb{Q} : 0 < p,\ p^2 < 2\}$$

은 절단이다. 우선 $0 \in \alpha$, $2 \notin \alpha$임은 바로 확인할 수 있다. 다음으로 $q < p \in \alpha$일 때, $q \le 0$이면 당연히 $q \in \alpha$이고, $0 < q < p$이고 $p^2 < 2$이면 $q^2 < 2$임을 바로 확인할 수 있으므로 $q \in \alpha$이다. 이제 (절3)을 보이기 위하여 $p \in \alpha$를 택하자. 만일 $p \le 0$이면 $p < 1 \in \alpha$이므로 $0 < p$, $p^2 < 2$라 가정하고, 정리 2.2.5를 적용하여 $\dfrac{1}{n}(2p + 1) < 2 - p^2$인 자연수 n을 잡자. 그러면

$$\left(p + \frac{1}{n}\right)^2 \le p^2 + \frac{2}{n}p + \frac{1}{n} < 2$$

가 되어서 $p + \dfrac{1}{n} \in \alpha$이고, α는 절단임을 알 수 있다.

이제, 어떤 $r \in \mathbb{Q}$에 대해서도 $\alpha \ne r^*$임을 보이자. 이를 위하여 $\alpha = r^*$인 유리수 $r \in \mathbb{Q}$가 있다고 가정하자. 만일 $r^2 < 2$이면 위에서 살펴본 바와 같이 $\left(r + \dfrac{1}{n}\right)^2 < 2$인 자연수 $n \in \mathbb{M}$을 잡을 수 있다. 그러면 $r + \dfrac{1}{n} \in \alpha$이지만 $r + \dfrac{1}{n} \notin r^*$이어서 모순이다. 이번에는 $r^2 > 2$라 가정하자. 그러면 마찬가지 방법으로 $\left(r - \dfrac{1}{m}\right)^2 > 2$인 자연수 $m \in \mathbb{N}$을 잡을 수 있다. 그러면 $r - \dfrac{1}{m} \notin \alpha$이지만 $r - \dfrac{1}{m} \in r^*$가 되어서 다시 모순이다. 따라서 $r^2 = 2$인데, 이러한 유리수가 존재하지 않는다는 것을 알고 있다.   □

---

4) Julius Wihelm Richard Dedekind (1831∼1916), 독일 수학자. 괴팅겐(Göttingen)에서 학위를 받은 후, 취리히 및 독일 중부의 브라운슈바이크(Braunschweig) 등에서 활동하였다.

문제 2.3.2. 양의 유리수 $r \in P_{\mathbb{Q}}$ 가 $r^2 > 2$ 이면 $\left(r - \dfrac{1}{m} \right)^2 > 2$ 인 자연수 $m \in \mathbb{N}$ 이 존재함을 보여라.

절단 α 에 대하여 $\alpha^c = \mathbb{Q} \setminus \alpha$ 라 두면, 다음

$$p \in \alpha,\ q \in \alpha^c \Longrightarrow p < q, \qquad r \in \alpha^c,\ r < s \Longrightarrow s \in \alpha^c$$

이 성립한다. 따라서 두 집합 α, α^c 는 $\mathbb{Q}$ 를 수직선 위의 점들로 생각하면 '왼쪽' 과 '오른쪽'으로 분할한다. 이때, 왼쪽 집합은 (절3)에 의하여 최댓값을 가지지 않는 것으로 간주한다.

이제, 두 절단 α, β 에 대하여

$$\alpha \leq \beta \iff \alpha \subset \beta$$

으로 정의하면 순서관계를 얻는다. 물론, 여기서도 $\alpha \leq \beta$ 이면서 $\alpha \neq \beta$ 이면 $\alpha < \beta$ 라 쓴다. 만일 $\alpha \subset \beta$ 이 아니면, $p \notin \beta$ 인 $p \in \alpha$ 가 존재한다. 만일 $q \in \beta$ 이면 $p \notin \beta$ 로부터 $q < p$ 임을 알 수 있고, 따라서 $q \in \alpha$ 이다. 즉, $\alpha \subset \beta$ 이 아니면 $\beta \subset \alpha$ 가 되므로, 두 절단 α, β 가 주어지면 $\alpha \leq \beta$ 혹은 $\alpha \geq \beta$ 가 성립함을 알 수 있다. 따라서 다음 명제가 증명되었다.

정리 2.3.1. 임의의 실수 $\alpha, \beta \in \mathbb{R}$ 에 대하여 다음

$$\alpha > \beta, \qquad \alpha = \beta, \qquad \alpha < \beta$$

중 한 명제가 성립하고, 또한 두 명제가 동시에 성립하지 않는다.

앞으로,

$$P_{\mathbb{R}} = \{ \alpha \in \mathbb{R} : \alpha > 0^* \}$$

이라 둔다. 정리 2.3.1은 (체순2) 및 (체순3)이 성립함을 말해준다.

정리 2.3.2. 비어 있지 않은 집합 $A \subset \mathbb{R}$ 가 위로 유계이면 A 는 상한을 가진다.

증명 비어 있지 않은 집합 $A \subset \mathbb{R}$ 가 위로 유계일 때, $\alpha = \bigcup \{ \beta \in A \}$ 가 A 의 상한임을 보이려 한다. 먼저, $\alpha \subset \mathbb{Q}$ 가 절단임을 보이자. 우선, $\beta \in A$ 를 하나 잡으면 $\alpha \supset \beta \neq \varnothing$ 이고, A 의 상계 $\gamma \in \mathbb{R}$ 을 하나 잡으면 $\alpha \subset \gamma \subsetneq \mathbb{Q}$ 이다. 만일 $p \in \alpha$ 이면 $p \in \beta$ 인 $\beta \in A$ 가 존재한다. 만일 $q < p$ 이면 $q \in \beta \subset \alpha$

이므로 (절2)가 증명된다. 만일 $p < q$인 $q \in \beta$를 잡으면 $q \in \alpha$이므로 (절3) 역시 증명되고, 따라서 $\alpha \in \mathbb{R}$이다.

이제 α가 A의 상계임은 자명하다. 만일 $\delta < \alpha$이면 $\delta \subsetneq \alpha$이므로 $r \in \alpha \setminus \delta$를 잡을 수 있는데, $r \in \alpha$로부터 $r \in \beta$인 $\beta \in A$가 존재한다. 그러면 $r \in \beta$이고 $r \notin \delta$이므로 $\beta \nsubseteq \delta$이고, 정리 2.3.1에 의하여 $\delta < \beta$가 성립한다. 그런데 $\beta \in A$이므로, 이는 δ가 A의 상한이 아님을 뜻한다. 따라서 δ가 A의 상한이면 $\delta \geq \alpha$이어야 하고, 이는 α가 A의 최소상계임을 말해준다.   □

이제, 순서집합 $\mathbb{R}$에 연산을 정의할 차례이다. 먼저 α, $\beta \in \mathbb{R}$에 대하여

$$\alpha + \beta = \{s + t \in \mathbb{Q} : s \in \alpha,\, t \in \beta\} \tag{2.21}$$

이라 정의한다. 먼저, $\alpha + \beta \in \mathbb{R}$임을 보이는데, $\alpha + \beta \neq \varnothing$임은 자명하다. 만일 $u \notin \alpha$, $v \notin \beta$이면 임의의 $s \in \alpha$, $t \in \beta$에 대하여 $u + v > s + t$인데, 이는 임의의 $r \in \alpha + \beta$에 대하여 $u + v > r$란 말이다. 따라서 $u + v \notin \alpha + \beta$이고, $\alpha + \beta \subsetneq \mathbb{Q}$이다. 이제, (절2)와 (절3)을 보이기 위하여 $p \in \alpha + \beta$라 하자. 그러면 $p = s + t$ (단, $s \in \alpha$, $t \in \beta$)이다. 만일 $q < p$이면 $q - t < s$, $s \in \alpha$에서 $q - t \in \alpha$가 성립하고, $q = (q - t) + t \in \alpha + \beta$이므로 (절2)가 증명된다. 만일 $s < r$인 $r \in \alpha$을 잡으면 $p < r + t$이고, $r + t \in \alpha + \beta$이므로 (절3)이 증명되었다.

문제 2.3.3. 연산 (2.21)에 대하여 결합법칙 (체1)과 교환법칙 (체4)가 성립함을 보여라.

이제, $0^* \in \mathbb{R}$가 더하기에 관한 항등원이 됨을 보이자. 이를 위하여 임의의 $\alpha \in \mathbb{R}$에 대하여 $\alpha + 0^* = \alpha$임을 보이면 된다. 먼저 $r \in \alpha$, $s \in 0^*$이면 $r + s < r$이므로 $r + s \in \alpha$이고, 따라서 $\alpha + 0^* \subset \alpha$임을 알 수 있다. 만일 $p \in \alpha$이면 $p < r$인 $r \in \alpha$를 택할 수 있다. 그러면 $p - r \in 0^*$이므로

$$p = r + (p - r) \in \alpha + 0^*$$

이 되어, $\alpha \subset \alpha + 0^*$임을 알 수 있다.

만일 $\alpha > 0^*$이면 $p \in \alpha \setminus 0^*$을 택할 수 있다. 이는 $0 \leq p$, $p \in \alpha$를 뜻하므로 $0 \in \alpha$임을 알 수 있다. 역으로, $0 \in \alpha$이면 $p < 0 \implies p \in \alpha$인데, 이는 $0^* < \alpha$

임을 뜻한다. 따라서 다음

$$0^* < \alpha \iff 0 \in \alpha$$

을 얻는다. 이로부터 (체순1)의 첫째 명제는 바로 나온다.

한편, 더하기에 관한 역원이 있음을 보이기 위하여, 각 $\alpha \in \mathbb{R}$에 대하여

$$\beta = \{p \in \mathbb{Q} : r > p, \ -r \notin \alpha \text{ 인 } r \in \mathbb{Q} \text{이 존재한다}\}$$

라 두고, $\beta \in \mathbb{R}$과 $\alpha + \beta = 0^*$임을 보이자. 먼저 $s \in \mathbb{Q} \setminus \alpha$를 택하고 $p < -s$인 $p \in \mathbb{Q}$를 택하면 $p \in \beta$이다. 또한, $q \in \alpha$를 택하면

$$r > -q \implies -r < q \implies -r \in \alpha$$

이므로 $-q \notin \beta$이다. 이제, $p \in \beta$라 하고 $r > p, \ -r \notin \alpha$인 $r \in \mathbb{Q}$를 잡자. 만일 $q < p$이면 $r > q, \ -r \notin \alpha$이므로 $q \in \beta$이다. 만일 $s = \dfrac{p + r}{2}$라 두면 $r > s, \ -r \notin \alpha$이므로 $s \in \beta$이고, $p < s$이므로 β가 절단임이 증명되었다.

만일 $q \in \alpha, \ p \in \beta$이면 $r > p, \ -r \notin \alpha$인 $r \in \mathbb{Q}$를 잡을 수 있다. 그러면 $q \in \alpha, -r \notin \alpha$로부터 $q < -r$을 얻는다. 따라서

$$-(q + p) = (r - p) + (-r - q) > 0$$

이고 $q + p < 0$을 얻어서, $\alpha + \beta \subset 0^*$임이 증명되었다. 끝으로 $0^* \subset \alpha + \beta$임을 보이자. 이를 위하여 $s \in 0^*$에 대하여 $t = \dfrac{-s}{2} > 0$이라 하고

$$A = \{n \in \mathbb{Z} : nt \in \alpha\}$$

라 두자. 만일 A가 위로 유계가 아니라 가정하자. 그러면 정리 2.2.5를 적용하여 임의의 $q \in \mathbb{Q}$에 대하여 $q < mt$인 $m \in \mathbb{N}$을 잡을 수 있다. 그런데 m은 A의 상계가 아니므로 $m < n$인 $n \in A$가 존재한다. 결국, $q < nt$이고, $nt \in \alpha$이므로 $q \in \alpha$이고, 따라서 $\alpha = \mathbb{Q}$가 되어서 모순이다. 그러므로 A는 위로 유계이며, 따름정리 2.1.6에 의하여 최대 원소 $n_0 \in A$를 가진다. 즉, $n_0 t \in \alpha$이고 $(n_0 + 1)t \notin \alpha$이다. 이제

$$름 r = s - n_0 t = -(n_0 + 2)t$$

라 두자. 그러면 $-(n_0 + 1)t > r$과 $(n_0 + 1)t \notin \alpha$로부터 $r \in \beta$임을 알게 된다. 따라서 $s = n_0 t + r \in \alpha + \beta$이다. 결국, $\alpha + \beta = 0^*$임이 증명되었으므로 β는 α의 역원이고, 앞으로는 $-\alpha$로 쓰기로 한다.

이제, 실수의 곱하기를 정의하는데, 먼저 양수 $\alpha, \beta \in P_\mathbb{R}$에 대하여 정의하자. 임의의 $\alpha, \beta \in P_\mathbb{R}$에 대하여

$$\alpha\beta = \{p \in \mathbb{Q} : p \le rs \text{ 인 } r \in \alpha \cap P_\mathbb{Q}, \; s \in \beta \cap P_\mathbb{Q} \text{ 가 존재한다}\}$$

로 정의한다.

문제 2.3.4. 임의의 $\alpha, \beta \in P_\mathbb{R}$에 대하여

$$\alpha\beta = 0^* \cup \{rs : 0 \le r \in \alpha, \; 0 \le s \in \beta\}$$

임을 보여라.

먼저 $\alpha\beta$가 절단임을 보이자. 우선 $0 \in \alpha$, $0 \in \beta$이므로 $0 \in \alpha\beta$이다. 또한, $u \notin \alpha$, $v \notin \beta$이면 $uv \notin \alpha\beta$이다. 실제로 임의의 $s \in \alpha$, $t \in \beta$에 대하여 $s < u$, $t < v$이므로 $st < uv$이고, 따라서 (절1)이 증명된다. (절2)와 (절3) 또한 정의에 의하여 자명하다. 따라서 $\alpha\beta \in \mathbb{R}$이고, 특히 (체순1)의 둘째 명제가 증명되었다. 이제, 각 $\alpha, \beta \in \mathbb{R}$에 대하여 다음

$$\alpha\beta = \begin{cases} 0^*, & \alpha = 0^* \text{ 혹은 } \beta = 0^* \\ -(-\alpha)\beta, & \alpha \in -P_\mathbb{R}, \; \beta \in P_\mathbb{R} \\ -\alpha(-\beta), & \alpha \in P_\mathbb{R}, \; \beta \in -P_\mathbb{R} \\ (-\alpha)(-\beta), & \alpha \in -P_\mathbb{R}, \; \beta \in -P_\mathbb{R} \end{cases}$$

과 같이 정의한다.

문제 2.3.5. 집합 $\mathbb{R}$에 정의된 더하기와 곱하기에 대하여 (체5), (체8), (체9)가 성립함을 보여라. [도움말 : 먼저 $P_\mathbb{R}$의 원소들에 대하여 증명한다.]

문제 2.3.6. 각 실수 $\alpha \in \mathbb{R}$에 대하여 $\alpha 1^* = 1^* \alpha = \alpha$임을 보여라. 또한, $0^* < 1^*$임을 보여라.

이제, 곱하기에 관한 역원의 존재를 보이면 $\mathbb{R}$이 순서체임을 증명하는 과정이 모두 끝난다. 각 $\alpha \in P_\mathbb{R}$에 대하여

$$\gamma = 0^* \cup \{0\} \cup \{q \in P_\mathbb{Q} : r > q, \; \frac{1}{r} \notin \alpha \text{ 인 } r \in P_\mathbb{Q} \text{ 이 존재한다}\} \qquad (2.22)$$

라 정의한다.

문제 2.3.7. (2.22)에서 정의된 γ가 절단임을 보이고, $\alpha\gamma = 1^*$임을 보여라.

이제, 각 $\alpha \in -P_{\mathbb{R}}$에 대하여

$$\alpha\left(-\frac{1}{-\alpha}\right) = -\alpha\left(\frac{1}{-\alpha}\right) = (-\alpha)\left(\frac{1}{-\alpha}\right) = 1^*$$

이므로, $\alpha \neq 0$인 $\alpha \in \mathbb{R}$는 곱하기에 관한 역원을 가진다.

결론적으로, 이 절에서 구성한 집합 $\mathbb{R}$은 정리 2.3.2를 만족하는 순서체임을 증명하였다. 마지막으로, 임의의 $r, s \in \mathbb{Q}$에 대하여 다음 성질들

$$\begin{aligned} r = s &\Longleftrightarrow r^* = s^* \\ (r+s)^* &= r^* + s^* \\ (rs)^* &= r^* s^* \\ r \in P_{\mathbb{Q}} &\Longleftrightarrow r^* \in P_{\mathbb{R}} \end{aligned} \qquad (2.23)$$

이 성립함을 보이는데, 이는

$$r \mapsto r^* : \mathbb{Q} \to \mathbb{R}$$

이 연산과 순서를 보존하는 단사함수임을 말한다.

2.4 코시 수열과 실수

자연수 집합 $\mathbb{N}$에서 집합 X로 가는 함수 $x : \mathbb{N} \to X$를 X의 **수열**이라 부른다. 순서체 F의 수열 $x : \mathbb{N} \to F$와 $a \in F$가 주어져 있을 때, 임의의 $e \in P_F$에 대하여 다음 성질

$$i \geq N \implies |x(i) - a| < e$$

을 만족하는 자연수 $N \in \mathbb{N}$이 존재하면, x가 $a \in F$로 **수렴**한다고 말한다. 또한, 임의의 $e \in P_F$에 대하여 다음 성질

$$i, j \geq N \implies |x(i) - x(j)| < e$$

을 만족하는 자연수 N이 존재하면, x를 **코시**[5]**수열**이라 부른다. 특히, 유리수의

---

5) Augustin Louis Cauchy (1789~1857), 프랑스 수학자. 원래, 토목공학을 전공하려 하였으나,

코시 수열을 **기본열**이라 부른다. 임의의 유리수 $r \in \mathbb{Q}$에 대하여

$$r^*(i) = r, \qquad i \in \mathbb{N}$$

이라 정의하면 r^*는 당연히 기본열이다. 끝으로, 순서체 F의 수열 x에 대하여 다음 성질

$$|x(i)| \le M, \qquad i \in \mathbb{N}$$

을 만족하는 $M \in F$가 있으면, 이는 **유계수열**이라 한다.

문제 2.4.1. 순서체 F의 수열 $x : \mathbb{N} \to F$가 유계일 필요충분조건은 집합 $\{x(i) \in X : i \in \mathbb{N}\}$이 위로 유계이고 동시에 아래로 유계임을 보여라.

정리 2.4.1. 순서체 F의 수열 $x : \mathbb{N} \to F$가 수렴하면 코시 수열이다. 또한 임의의 코시 수열은 유계이다.

증명 $x : \mathbb{N} \to F$가 $a \in F$로 수렴하고,

$$i \ge N \implies |x(i) - a| < \frac{e}{2}$$

인 자연수 N을 잡자. 그러면 임의의 $i, j \ge N$에 대하여

$$|x(i) - x(j)| \le |x(i) - a| + |x(j) - a| < \frac{e}{2} + \frac{e}{2} = e$$

가 되어, x는 코시 수열이다. 이제 x가 코시 수열이라 가정하고,

$$i, j \ge N \implies |x(i) - x(j)| < 1$$

인 자연수 $N \in \mathbb{N}$을 잡자. 그러면 임의의 자연수 $i \ge N$에 대하여 $|x(i) - x(N)| < 1$이므로, $|x(i)| \le |x(N)| + 1$임을 알 수 있다. 이제,

$$M = \sup\{|x(0)|, |x(1)|, \ldots, |x(N-1)|, |x(N)| + 1\}$$

이라 두면, 임의의 $i \in \mathbb{N}$에 대하여 $|x(i)| \le M$이다. $\qquad\qquad \square$

에콜 폴리테크니크(École Polytechnique)의 라플라스 등이 권하여 수학을 하게 되었다. 1816년부터 에콜 폴리테크니크 교수로 있으면서 수많은 논문과 저작을 남겼으나, 1830년 혁명 이후 정치적인 이유(왕당파)로 쫓겨났다가 1848년 복귀하였다. 그에 관한 전기로 [9] 등이 있다.

두 기본열 $\alpha, \beta : \mathbb{N} \to \mathbb{Q}$가 주어져 있다고 하자. 임의의 유리수 $e > 0$에 대하여

$$i \geq N \implies |\alpha(i) - \beta(i)| < e$$

이 성립하는 자연수 N을 잡을 수 있을 때, $\alpha \sim \beta$라 정의하자. 먼저 $\alpha \sim \alpha$ 및 $\alpha \sim \beta \implies \beta \sim \alpha$임은 당연하다. 만일 $\alpha \sim \beta$, $\beta \sim \gamma$이면

$$i \geq N_1 \implies |\alpha(i) - \beta(i)| < \frac{e}{2}, \qquad i \geq N_2 \implies |\beta(i) - \gamma(i)| < \frac{e}{2}$$

인 자연수 N_1, N_2를 잡을 수 있다. 따라서 $N = \sup\{N_1, N_2\}$라 두면, 임의의 $i \geq N$에 대하여

$$|\alpha(i) - \gamma(i)| \leq |\alpha(i) - \beta(i)| + |\beta(i) - \gamma(i)| < \frac{e}{2} + \frac{e}{2} = e$$

이므로 $\alpha \sim \gamma$임을 알 수 있다. 따라서 방금 정의한 관계 $\sim$는 기본열 전체의 집합 $\mathcal{F}$의 동치관계가 된다. 이제, $\mathcal{F}/\!\sim$을 $\mathbb{R}$로 표시하고, 이 몫집합의 원소들을 실수라 부른다.

두 실수 $[\alpha], [\beta] \in \mathbb{R}$에 대하여, 다음 성질

$$i \geq N \implies \alpha(i) - \beta(i) > d$$

을 만족하는 유리수 $d > 0$와 자연수 N이 있을 때,

$$[\alpha] > [\beta] \tag{2.24}$$

이라 정의하자.

문제 2.4.2. 정의 (2.24)가 잘 정의되어 있음을 보여라.

정리 2.4.2. 임의의 실수 $[\alpha], [\beta] \in \mathbb{R}$에 대하여 다음

$$[\alpha] > [\beta], \qquad [\alpha] = [\beta], \qquad [\alpha] < [\beta]$$

중 한 명제가 성립하고, 또한 두 명제가 동시에 성립하지 않는다.

증명 임의의 유리수 $e > 0$에 대하여 다음 성질

$$i \geq N_e \implies |\alpha(i) - \alpha(N_e)| < e, \ |\beta(i) - \beta(N_e)| < e$$

이 성립하는 최소 자연수 N_e를 잡자. 이 자연수 N_e는 물론 유리수 $e > 0$에 의하여 주어진다. 그러면 각 $i \geq N_e$ 에 대하여

$$\alpha(N_e) - \beta(N_e) - 2e < \alpha(i) - \beta(i) < \alpha(N_e) - \beta(N_e) + 2e \qquad (2.25)$$

가 성립한다. 이제,

$$d_e = \alpha(N_e) - \beta(N_e) - 2e, \qquad d'_e = \alpha(N_e) - \beta(N_e) + 2e$$

라 두자.

우선, 적당한 유리수 $e > 0$에 대하여 $d_e > 0$인 경우에

$$i \geq N_e \implies \alpha(i) - \beta(i) > d_e$$

이 되므로 $[\alpha] > [\beta]$이다. 또한, 적당한 유리수 $e > 0$에 대하여 $d'_e < 0$이면

$$i \geq N_e \implies \beta(i) - \alpha(i) > -d'_e$$

이므로 $[\beta] > [\alpha]$가 된다. 이제, 위의 두 가지 경우가 성립하지 않는다고 가정하자. 그러면 임의의 유리수 $e > 0$에 대하여 $d_e \leq 0$, $d'_e \geq 0$이 된다. 따라서

$$\alpha(N_e) - \beta(N_e) \leq 2e, \qquad \beta(N_e) - \alpha(N_e) \leq 2e$$

이므로, (2.25)에 의하여

$$i \geq N_e \implies |\alpha(i) - \beta(i)| \leq |\alpha(N_e) - \beta(N_e)| + 2e \leq 4e < 5e$$

임을 알 수 있다. 따라서 $\alpha \sim \beta$이 되어 $[\alpha] = [\beta]$이다. □

문제 2.4.3. 정리 2.4.2에서 세 가지 경우 중 두 가지가 동시에 성립할 수 없음을 보여라.

이제, 두 실수 $[\alpha], [\beta]$에 대하여

$$[\alpha] + [\beta] = [\alpha + \beta] \qquad (2.26)$$

라 정의하자. 여기서 $\alpha + \beta$는 $i \mapsto \alpha(i) + \beta(i)$로 정의되는 유리수열이다. 우선 $\alpha + \beta$가 기본열임을 보이자. 이를 위하여

$$i, j \geq N_1 \implies |\alpha(i) - \alpha(j)| < \frac{e}{2},$$

$$i, j \geq N_2 \implies |\beta(i) - \beta(j)| < \frac{e}{2}$$

인 자연수 $N_1, N_2 \in \mathbb{N}$를 잡고, $N = \sup\{N_1, N_2\}$라 두자. 그러면 임의의 $i, j \geq N$에 대하여

$$|(\alpha + \beta)(i) - (\alpha + \beta)(j)| = |[\alpha(i) - \alpha(j)] + [(\beta(i) - \beta(j)]|$$
$$< \frac{e}{2} + \frac{e}{2} = e$$

가 되어 $\alpha + \beta$는 기본열이다.

문제 2.4.4. 정의 (2.26)이 잘 정의되어 있고, 결합법칙과 교환법칙을 만족함을 보여라. 또한, $[0^*]$이 이 연산에 관한 항등원임을 보여라. 기본열 α에 대하여 $(-\alpha)(i) = -\alpha(i)$로 정의된 유리수열 $-\alpha$가 기본열이고, $[-\alpha]$가 $[\alpha]$의 더하기에 관한 역원임을 보여라.

이제 실수의 곱하기를 정의하기 위하여, 두 유리수열 $\alpha, \beta : \mathbb{N} \to \mathbb{Q}$에 대하여

$$\alpha\beta : i \mapsto \alpha(i)\beta(i)$$

라 정의하자. 이를 위하여 α, β가 기본열이면 $\alpha\beta$도 기본열임을 보이자. 우선, 정리 2.4.1에 의하여 다음 성질

$$|\alpha(i)| \leq M_1, \ |\beta(i)| \leq M_2, \quad i \in \mathbb{N}$$

을 만족하는 $M_1, M_2 \in \mathbb{Q}$를 잡고, $M = \sup\{M_1, M_2\}$라 하자. 또한,

$$i, j \geq N_1 \implies |\alpha(i) - \alpha(j)| < \frac{e}{2M},$$
$$i, j \geq N_2 \implies |\beta(i) - \beta(j)| < \frac{e}{2M}$$

을 만족하는 자연수 N_1, N_2를 잡고, $N = \sup\{N_1, N_2\}$라 하자. 그러면 임의의 $i, j \geq N$에 대하여

$$|\alpha(i)\beta(i) - \alpha(j)\beta(j)| \leq |\alpha(i)\beta(i) - \alpha(i)\beta(j)| + |\alpha(i)\beta(j) - \alpha(j)\beta(j)|$$
$$= |\alpha(i)||\beta(i) - \beta(j)| + |\beta(j)||\alpha(i) - \alpha(j)|$$
$$< M\frac{e}{2M} + M\frac{e}{2M} = e$$

가 되어, $\alpha\beta$가 기본열임이 증명된다. 이제, $\alpha, \beta \in \mathbb{R}$에 대하여

$$[\alpha][\beta] = [\alpha\beta] \tag{2.27}$$

로 정의한다.

문제 2.4.5. 정의 (2.27)이 잘 정의되어 있으며, 결합법칙, 교환법칙, 배분법칙을 만족함을 보여라. 또한, $[1^*]$이 이 연산에 관한 항등원임을 보여라.

이제, $\mathbb{R}$이 체임을 보이기 위하여 곱하기에 관한 역원의 존재성을 증명할 차례이다. 만일 $[\alpha] \neq 0^*$이면 정리 2.4.2에 의하여 $[\alpha] > 0^*$이거나 $[\alpha] < 0^*$이 성립한다. 따라서 적당한 유리수 $d > 0$와 자연수 N_1에 대하여

$$i \geq N_1 \Longrightarrow \alpha(i) > d \quad \text{이거나} \quad i \geq N_1 \Longrightarrow \alpha(i) < -d$$

임을 알 수 있다. 따라서 기본열의 유한개 항을 바꾸어도 그 동치류는 변하지 않으므로, 임의의 $i \in \mathbb{N}$에 대하여 $\alpha(i) \neq 0$이라 가정해도 무방하다. 이제,

$$\beta : i \mapsto \frac{1}{\alpha(i)} : \mathbb{N} \to \mathbb{Q}$$

와 같이 유리수열을 정의한다. 이제 β가 기본열임을 보이면 $[\alpha][\beta] = 1^*$임은 자명하다. 먼저

$$i \geq N_2 \Longrightarrow |\alpha(i) - \alpha(j)| < d^2 e$$

가 성립하는 자연수 N_2를 잡고, $N = \sup\{N_1, N_2\}$라 하자. 그러면 임의의 $i \geq N_1$에 대하여 $|\alpha(i)| > d$이므로, 임의의 $i, j \geq N$에 대하여

$$|\beta(i) - \beta(j)| = \left| \frac{1}{\alpha(i)} - \frac{1}{\alpha(j)} \right|$$
$$= \frac{1}{|\alpha(i)\alpha(j)|} |\alpha(i) - \alpha(j)| < \frac{1}{d^2} d^2 e = e$$

가 되어 β가 기본열임을 알 수 있다.

끝으로,

$$P_{\mathbb{R}} = \{[\alpha] \in \mathbb{R} : [\alpha] > 0^*\}$$

이라 두면 순서공리 (체순1)–(체순3)이 모두 성립한다. 따라서 실수체 $\mathbb{R}$은 순서체가 된다.

문제 2.4.6. 만일 α가 기본열이면 $|\alpha| : i \mapsto |\alpha(i)|$로 정의된 유리수열 $|\alpha|$도 기본열임을 보여라. 또한, 실수 $[\alpha] \in \mathbb{R}$의 절댓값 $|[\alpha]|$은 기본열 $|\alpha|$에 의하여 주어짐을 보여라.

정리 2.4.3. 두 실수 $[\alpha], [\beta]$가 $[\alpha] > [\beta]$이면 $[\alpha] > [r^*] > [\beta]$를 만족하는 유리수 $r \in \mathbb{Q}$가 존재한다.

증명 우선, 다음 관계

$$i \geq N_1 \implies \alpha(i) - \beta(i) > d$$

가 성립하도록 자연수 N_1과 유리수 $d > 0$를 잡자. 또한 다음 성질

$$i, j \geq N_2 \implies |\alpha(i) - \alpha(j)| < \frac{1}{4}d, \ |\beta(i) - \beta(j)| < \frac{1}{4}d$$

이 성립하는 자연수 N_2를 잡은 후에, $N = \sup\{N_1, N_2\}$라 두자. 만일 $i \geq N$이면

$$\alpha(i) - \left(\alpha(N) - \frac{1}{2}d\right) = \frac{1}{2}d + (\alpha(i) - \alpha(N)) > \frac{1}{4}d$$

이므로, $[\alpha] > \left(\alpha(N) - \frac{1}{2}d\right)^*$를 얻는다. 또한 $i \geq N$에 대하여

$$\left(\alpha(N) - \frac{1}{2}d\right) - \beta(i) = (\alpha(N) - \beta(N)) + (\beta(N) - \beta(i)) - \frac{1}{2}d$$
$$> d - \frac{1}{4}d - \frac{1}{2}d = \frac{1}{4}d$$

이므로, $\left(\alpha(N) - \frac{1}{2}d\right)^* > [\beta]$를 얻는다. 따라서 $\alpha(N) - \frac{1}{2}d \in \mathbb{Q}$가 원하는 유리수임을 알 수 있다. □

함수 $i : \mathbb{N} \to \mathbb{N}$이 임의의 $k = 0, 1, 2, \ldots$에 대하여 $i(k) < i(k+1)$이라 하자. 이 함수와 수열 $x : i \mapsto x(i)$의 합성 $x \circ i : k \mapsto x(i(k))$를 x의 **부분수열**이라 한다. 순서체 F의 수열 x가 $a \in F$로 수렴하면, x의 모든 부분수열이 a로 수렴함은 자명하다.

도움정리 2.4.4. 순서체 F의 코시 수열 x의 한 부분수열 $x \circ i$가 점 $a \in F$로 수렴하면 x도 $a \in F$로 수렴한다.

증명 임의의 $e \in P_F$가 주어졌을 때, 먼저 다음 성질

$$i, j \geq N \implies |x(i) - x(j)| < \frac{e}{2}$$

이 성립하는 자연수 N을 잡고

$$k \geq K \implies |x(i(k)) - a| < \frac{e}{2}, \qquad i(K) \geq N$$

이 성립되도록 자연수 K를 잡자. 이제 $i \geq i(K)$이면

$$|x(i) - a| \leq |x(i) - x(i(K))| + |x(i(K)) - a| < \frac{e}{2} + \frac{e}{2} = e$$

이 되어서 x는 a로 수렴한다.   □

정리 2.4.5. 각 $n = 1, 2, \ldots$ 에 대하여 $[\alpha_n]$이 실수이고, $n \mapsto [\alpha_n]$이 $\mathbb{R}$의 코시수열이라 하자. 그러면 이 수열은 $\mathbb{R}$ 안에서 수렴한다.

증명 우선 다음 조건

$$[\alpha_n] \neq [\alpha_{n+1}], \qquad n = 1, 2, \ldots \tag{2.28}$$

이 성립한다고 가정하자. 그러면 정리 2.4.3에 의하여 $[\alpha_n]$과 $[\alpha_{n+1}]$ 사이에 유리수 $r(n) \in \mathbb{Q}$를 잡을 수 있고, 다음 성질

$$|[\alpha_n] - [r(n)^*]| < |[\alpha_n] - [\alpha_{n+1}]|, \qquad n = 1, 2, \ldots$$

이 성립한다. 따라서 임의의 실수 $[\epsilon] > 0$이 주어지면 다음 성질

$$n \geq N \implies |[\alpha_n] - [r(n)^*]| < \frac{1}{3}[\epsilon] \tag{2.29}$$

이 성립하는 자연수 N을 잡을 수 있다. 한편 $0 < [\epsilon]$ 이므로, 적당한 자연수 I_0과 유리수 $d > 0$에 대하여 다음

$$i \geq I_0 \implies \frac{1}{3}\epsilon(i) > d \tag{2.30}$$

이 성립한다. 그런데 유리수열 $n \mapsto r(n)$이 기본열이 된다는 것을 바로 확인할 수 있으므로, 다음 성질

$$i, j \geq M \implies |r(i) - r(j)| < d \tag{2.31}$$

이 성립하도록 자연수 M을 잡을 수 있다. 이제 (2.29)에 의하면, 각 자연수 $n \geq N$에 대하여 다음 성질

$$i \geq I(n) \implies |\alpha_n(i) - r(n)| < \frac{1}{3}\epsilon(i) \tag{2.32}$$

이 성립하는 자연수 $I(n)$을 잡을 수 있다. 이제 $n \geq \sup\{N, M\}$인 자연수 n을 잡으면, 각 $i \geq \sup\{I_0, I(n), M\}$에 대하여 (2.30), (2.31), (2.32)를 적용하여

$$|\alpha_n(i) - r(i)| \leq |\alpha_n(i) - r(n)| + |r(n) - r(i)|$$
$$< \frac{1}{3}\epsilon(i) + d < \frac{1}{3}\epsilon(i) + \frac{1}{3}\epsilon(i) = \frac{2}{3}\epsilon(i)$$

임을 알 수 있다. 따라서 각 $n \geq \sup\{N, M\}$에 대하여

$$|[\alpha_n] - [r]| \leq \frac{2}{3}[\epsilon] < [\epsilon]$$

이고, 수열 $\langle[\alpha_n]\rangle$은 실수 $[r]$로 수렴한다.

만일 충분히 큰 자연수에 대하여 $[\alpha_n]$이 일정한 값이면 증명할 것이 없다. 그렇지 않은 경우에 성질 (2.28)이 성립하도록 $\langle[\alpha_n]\rangle$의 부분수열을 잡을 수 있는데, 도움정리 2.4.4에 의하여 이 부분수열의 극한이 바로 수열 $n \mapsto [\alpha_n]$의 극한이 된다. $\qquad\square$

문제 2.4.7. 이 절에서 정의한 $[r^*] \in \mathbb{R}$에 대해서도 (2.23)에 열거한 성질들이 그대로 성립함을 보여라.

2.5 완비순서체

앞에서 두 가지 방법으로 실수를 구성하였는데, 이 절에서는 이 두 가지 구성 방법의 결과가 사실상 같음을 보이려 한다. 순서체 F가 다음 성질

(완1) 비어 있지 않은 집합 $A \subset F$가 위로 유계이면 A는 상한을 가진다

를 가지면 이를 **완비순서체**라 한다. 정리 2.3.2는 데데킨트 절단으로 정의된 실수체 $\mathbb{R}$이 완비순서체임을 말해준다. 다음 성질

(완2) 비어 있지 않은 집합 $A \subset F$가 아래로 유계이면 A는 하한을 가진다

가 (완1)과 동치임은 바로 확인할 수 있다.

정리 2.4.5는 코시 수열에 의하여 만든 실수체가 다음 조건

(완3) 임의의 코시 수열 $x : \mathbb{N} \to F$가 F 안에서 수렴한다

를 만족함을 말한다. 먼저, 완비순서체의 간단한 성질을 살펴보자.

정리 2.5.1. 완비순서체 F는 아르키메데스 성질을 만족한다.

증명 집합 $\mathbb{N}\,(\subset F)$이 위로 유계라 가정하자. 그러면 (완1)에 의하여 $\mathbb{N}$의 최소상계 $\alpha \in F$가 존재한다. 그런데 $\alpha - 1 < \alpha$이므로 $\alpha - 1$은 $\mathbb{N}$의 상계가 아니고, 따라서 부등식 $\alpha - 1 < n \le \alpha$을 만족하는 자연수 $n \in \mathbb{N}$이 존재한다. 그러면 $n + 1 \in \mathbb{N}$임에도 불구하고 $n + 1 > \alpha$이기 때문에 α가 $\mathbb{N}$의 상계라는 데 모순이다. □

정리 2.5.2. 완비순서체 F의 두 원소 $x, y \in F$가 $x < y$이면 부등식 $x < r < y$를 만족하는 유리수 $r \in \mathbb{Q}\,(\subset F)$이 존재한다.

증명 우선 $x = 0$이면 정리 2.5.1과 정리 2.2.4 (가)를 적용하면 된다. 이제 $0 < x < y$라 하자. 다시 정리 2.5.1에 의하여 $0 < \dfrac{1}{n} < y - x$인 $n \in \mathbb{N}$이 있다. 두 양수 $\dfrac{1}{n} \in F$과 $x \in F$에 대하여 정리 2.5.1을 다시 적용하면

$$\{k \in \mathbb{N} : k \cdot \frac{1}{n} > x\} \ne \varnothing$$

이다. 정리 2.1.4에 의하여 이 집합은 최솟값을 가지는데, 이 최솟값을 m이라 두면 $\dfrac{m-1}{n} \le x < \dfrac{m}{n}$이고, 따라서

$$x < \frac{m}{n} = \frac{m-1}{n} + \frac{1}{n} \le x + \frac{1}{n} < y$$

이므로 $\dfrac{m}{n}$ 이 바로 우리가 찾는 유리수이다. 끝으로 $x < 0$일 때에는, $-x < n$ 인 자연수 n을 먼저 찾으면 $0 < x+n < y+n$이므로 방금 증명한 바에 의하여 $x+n < r < y+n$인 $r \in \mathbb{Q}$이 있고, 따라서 $r-n$이 우리가 찾는 유리수이다. □

완비순서체의 유일성을 증명하기 앞서서, 아르키메데스 성질과 (완3)을 가정하고 (완1)을 증명함으로써 2.4절에서 코시 수열을 이용하여 구성한 실수체가 완비순서체임을 보이자. 이를 위하여 순서체 F의 비어 있지 않은 부분집합 $A \subset F$가 위로 유계라 가정하자. 먼저

$$\mathcal{I} = \{(a,b) \in F \times F : a < b\}$$

라 두고, 두 함수 $g, h : \mathcal{I} \to F$를 다음

$$g((a,b)) = \begin{cases} a, & \frac{a+b}{2} \text{ 가 } A \text{ 의 상계이다,} \\ \frac{a+b}{2}, & \frac{a+b}{2} \text{ 가 } A \text{ 의 상계가 아니다} \end{cases}$$

$$h((a,b)) = \begin{cases} \frac{a+b}{2}, & \frac{a+b}{2} \text{ 가 } A \text{ 의 상계이다,} \\ b, & \frac{a+b}{2} \text{ 가 } A \text{ 의 상계가 아니다} \end{cases}$$

과 같이 정의한다. 그러면 다음 성질

$$a \le g((a,b)) < h((a,b)) \le b, \qquad h((a,b)) - g((a,b)) = \frac{1}{2}(b-a)$$

이 바로 확인된다. 또한, a가 A의 상계가 아니고 b가 A의 상계이면, $g((a,b))$는 A의 상계가 아니고 $h((a,b))$는 A의 상계이다. 이제, 함수 $f : \mathcal{I} \to \mathcal{I}$를 다음

$$f : (a,b) \mapsto (g((a,b)), h((a,b)))$$

과 같이 정의하자. 만일 A의 원소가 한 개이면 증명할 것이 없으므로, A가 적어도 두 개의 원소를 가진다고 가정하자. 그러면 A의 상계가 아닌 $a_0 \in A$ 와 A의 상계 b_0를 택하자. 그러면 정리 2.1.2를 적용하여, $\gamma(0) = (a_0, b_0)$이고, 임의의 $n \in \mathbb{N}$에 대하여 $\gamma(n^+) = f(\gamma(n))$을 만족하는 함수 $\gamma : \mathbb{N} \to \mathcal{I}$를 찾을 수 있다. 이제 두 함수 $\pi_1, \pi_2 : \mathcal{I} \to F$를 다음

$$\pi_1 : (a,b) \mapsto a, \quad \pi_2 : (a,b) \mapsto b, \qquad (a,b) \in \mathcal{I}$$

와 같이 정의하자. 끝으로 $\alpha = \pi_1 \circ \gamma$, $\beta = \pi_2 \circ \gamma$라 두면, α, β는 모두 F의 수열이 되며,

$$\alpha(n^+) = (\pi_1 \circ \gamma)(n^+) = (\pi_1 \circ f)(\gamma(n)) = g(\gamma(n)) = g(\alpha(n), \beta(n))$$

$$\beta(n^+) = (\pi_2 \circ \gamma)(n^+) = (\pi_2 \circ f)(\gamma(n)) = h(\gamma(n)) = h(\alpha(n), \beta(n))$$

이 된다. 앞서 살펴본 g, h의 성질 덕분에, 각 $n \in \mathbb{N}$에 대하여 다음

(가) $\alpha(n)$은 A의 상계가 아니고 $\beta(n)$은 A의 상계이다,

(나) $\alpha(n) \leq \alpha(n^+) < \beta(n^+) \leq \beta(n)$이다,

(다) $\beta(n^+) - \alpha(n^+) = \dfrac{1}{2}(\beta(n) - \alpha(n))$이다

가 성립한다. 아르키메데스 성질에 의하여, 임의의 $e \in P_F$에 대하여 $N \geq \dfrac{1}{e}[\beta(0) - \alpha(0)]$인 자연수 N을 잡으면 각 $m > n \geq N$에 대하여

$$0 \leq \alpha(m) - \alpha(n) < \beta(n) - \alpha(n)$$

$$= \frac{1}{2^n}[\beta(0) - \alpha(0)] \leq \frac{1}{n}[\beta(0) - \alpha(0)] < e$$

가 된다. 따라서 $\alpha : \mathbb{N} \to F$는 코시 수열이고, 마찬가지로 β도 코시 수열이다.

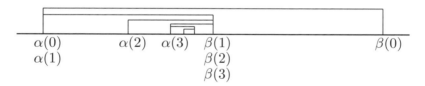

이제 가정 (완3)에 의하여 α, β는 수렴하는데, 그 극한값을 각각 a, b라 두자. 그러면 성질 (나), (다)에 의하여 $a = b$임을 쉽게 확인할 수 있다. 한편, (가)에 의하면, 임의의 $x \in A$와 $n \in \mathbb{N}$에 대하여 $x \leq \beta(n)$이므로 $x \leq b$임을 알 수 있고, 따라서 b는 A의 상계이다. 다른 한편으로, $e > 0$이면 $a - e < \alpha(n) \leq a = b$인 자연수 n을 잡을 수 있는데, $\alpha(n)$이 A의 상계가 아니므로 $\alpha(n) < y$인 $y \in A$를 잡을 수 있다. 그러면 $a - e < y$가 되어 $a - e$는 A의 상계가 아님을 알 수 있다. 그런데 e는 임의의 양수이므로 $a = b$는 A의 최소상계임이 증명된다. 따라서 (완3)을 만족하는 순서체는 자동적으로 완비순서체가 된다.

문제 2.5.1.   (완3) $\Longrightarrow$ (완1)의 증명과정에서 $a = b$임을 보여라. 또한, $x \leq b$임을 보여라.

이제, 완비순서체의 유일성을 보이려 하는데, 약간의 준비가 필요하다. 순서체 F의 부분집합 $S, T \subset F$에 대하여

$$S + T = \{s + t \in F : s \in S,\ t \in T\}$$

라 정의한다. 그러면 다음 등식

$$\sup(S + T) = \sup S + \sup T \tag{2.33}$$

이 성립한다. 이를 보이기 위하여 $\sup S = \alpha$, $\sup T = \beta$라 두자. 그러면 임의의 $s \in S,\ t \in T$에 대하여 $s + t \le \alpha + \beta$이므로 $\alpha + \beta$는 $S + T$의 상계이다. 한편 $\alpha + \beta$가 최소상계임을 보이기 위해서는, $\gamma < \alpha + \beta$이면 γ가 $S + T$의 상계가 아님을 보여야 한다. 즉, $\gamma < \alpha + \beta$이면 $\gamma < s + t$인 $s \in S$와 $t \in T$가 존재함을 보이면 된다. 이를 위하여 $\epsilon = \alpha + \beta - \gamma$라 두면 $\dfrac{\epsilon}{2} > 0$이고, 따라서 $\alpha - \dfrac{\epsilon}{2} < \alpha$인데 α가 S의 최소상계이므로 $\alpha - \dfrac{\epsilon}{2}$는 S의 상계가 아니다. 따라서 $\alpha - \dfrac{\epsilon}{2} < s$인 $s \in S$가 존재한다. 마찬가지로 $\beta - \dfrac{\epsilon}{2} < t$인 $t \in T$를 찾을 수 있다. 그러면

$$\gamma = \alpha + \beta - \epsilon = \left(\alpha - \frac{\epsilon}{2}\right) + \left(\beta - \frac{\epsilon}{2}\right) < s + t$$

이므로 원하는 $s \in S$와 $t \in T$를 얻는다.

순서체의 부분집합 $S, T \subset P_F$에 대하여 마찬가지로

$$ST = \{st \in P_F : s \in S,\ t \in T\}$$

로 정의한다. 그러면 등식 (2.33)과 마찬가지로 다음 등식

$$\sup ST = \sup S \sup T, \qquad S, T \subset P_F \tag{2.34}$$

이 성립한다.

문제 2.5.2. (2.34)를 증명하여라.

다음 정리는 완비순서체가 본질적으로 하나밖에 없음을 보여준다. 바꾸어 말하여 완비순서체가 두 개 있으면 두 순서체 사이에는 순서체의 모든 구조를 그대로 보존하는 사상이 있다는 것이다.

정리 2.5.3. 임의의 두 완비순서체 F와 G가 주어지면, 전단사 함수 $f : F \to G$가 존재하여 다음 두 성질

(가) 임의의 $x, y \in F$에 대하여

$$f(x + y) = f(x) + f(y), \qquad f(xy) = f(x)f(y)$$

이 성립한다,

(나) $f(P_F) = P_G$이다

를 만족한다

증명 먼저 정리 2.2.3을 적용하면, 다음 성질들

$$\gamma(r + s) = \gamma(r) + \gamma(s), \quad \gamma(rs) = \gamma(r)\gamma(s), \quad \gamma(P_{\mathbb{Q}}) = \gamma(\mathbb{Q}) \cap P_F,$$
$$\delta(r + s) = \delta(r) + \delta(s), \quad \delta(rs) = \delta(r)\delta(s), \quad \delta(P_{\mathbb{Q}}) = \delta(\mathbb{Q}) \cap P_G \tag{2.35}$$

을 만족하는 단사함수

$$\gamma : \mathbb{Q} \to F, \qquad \delta : \mathbb{Q} \to G$$

가 존재한다. 이제, 각 $x \in F$에 대하여

$$A_x = \{\delta(r) \in G : r \in \mathbb{Q}, \ \gamma(r) < x\}$$

라 정의하자. 정리 2.5.1에 의하여 F는 아르키메데스 성질을 만족하므로, $n \cdot 1_F > -x$인 $n \in \mathbb{N}$이 있으며, 이는 $\gamma(-n) = (-n) \cdot 1_F < x$를 뜻하므로 $A_x \neq \varnothing$이다. 다시 아르키메데스 법칙에 의하여 $m \cdot 1_F > x$인 $m \in \mathbb{N}$을 잡으면 $\delta(m) = m \cdot 1_G$는 A_x의 상계이다. 이제 G가 완비순서체이므로 A_x는 상한을 가지고, 이를 $f(x)$라 쓰면 f는 F에서 G로 가는 함수이다. 즉, 다음

$$f(x) = \sup\{\delta(r) \in G : r \in \mathbb{Q}, \ \gamma(r) < x\} \in G, \qquad x \in F$$

과 같이 정의된다. 두 완비순서체 F와 G의 역할을 바꾸어서 함수 $g : G \to F$도 다음

$$g(y) = \sup\{\gamma(r) \in F : r \in \mathbb{Q}, \ \delta(r) < y\} \in F, \qquad y \in G$$

과 같이 정의한다.

먼저, (2.35)에 의하여, 각 유리수 $r, s \in \mathbb{Q}$에 대하여

$$r < s \iff \gamma(r) < \gamma(s) \iff \delta(r) < \delta(s)$$

가 성립한다. 따라서

$$f(\gamma(s)) = \sup\{\delta(r) \in G : r \in \mathbb{Q}, \, \gamma(r) < \gamma(s)\}$$
$$= \sup\{\delta(r) \in G : r \in \mathbb{Q}, \, \delta(r) < \delta(s)\} = \delta(s)$$

이므로

$$f \circ \gamma = \delta, \qquad g \circ \delta = \gamma$$

가 성립함을 알 수 있다. 물론 $g(\delta(s)) = \gamma(s)$도 마찬가지로 증명된다.

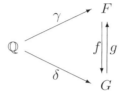

이제, $f(x + y) = f(x) + f(y)$임을 보이는데, 함수 f의 정의와 (2.33)에 의하여

$$A_{x+y} = A_x + A_y$$

임을 보이면 된다. 먼저 $\delta(r) \in A_x$, $\delta(s) \in A_y$이면 $\gamma(r) < x$, $\gamma(s) < y$이므로

$$\delta(r) + \delta(s) = \delta(r + s), \qquad \gamma(r + s) = \gamma(r) + \gamma(s) < x + y$$

로부터, $\delta(r) + \delta(s) \in A_{x+y}$임을 알 수 있다. 역으로 $\delta(t) \in A_{x+y}$이면 $\gamma(t) < x + y$이다. 정리 2.5.2를 적용하여 $\gamma(t) - y < \gamma(s) < x$인 $s \in \mathbb{Q}$를 잡으면

$$\gamma(s) < x, \qquad \gamma(t - s) = \gamma(t) - \gamma(s) < y$$

로부터 $\delta(t) = \delta(s) + \delta(t - s) \in A_x + A_y$ 이다.

마찬가지로 $f(xy) = f(x)f(y)$임을 보이기 위하여 $x, y \in P_F$인 경우부터 생각하자. 이 경우, 다시 정리 2.5.2에 의하여 $A_x \cap P_G \neq \varnothing$, $A_y \cap P_G \neq \varnothing$임을 알 수 있으므로, (2.34)를 적용하면 되는데, 이 부분의 증명은 연습문제로 남긴다. 이제 증명을 마무리하기 위하여

$$x > 0 \iff f(x) > 0$$

임을 보이자. 먼저 $x > 0$이면 정리 2.5.2에 의하여 $0 < \gamma(r) < x$인 유리수 $r \in \mathbb{Q}$이 존재한다. 그러면 $\delta(r) > 0$이고 $\delta(r) \in A_x$이므로 $f(x) > 0$이다.

역으로 $f(x) > 0$이면 0은 집합 A_x의 상계가 아니다. 따라서 $\delta(r) > 0$인 $\delta(r) \in A_x$가 존재한다. 그러면 $0 < \gamma(r) < x$가 되므로 (나)의 증명이 끝난다.

이제 $g \circ f = 1_F$임을 보이려면, f의 정의에 의하여

$$x = \sup\{\gamma(r) \in F : r \in \mathbb{Q},\ \delta(r) < f(x)\}, \qquad x \in F$$

임을 보여야 한다. 이는 다음 두 명제

(1) $r \in \mathbb{Q}$, $\delta(r) < f(x)$이면 $\gamma(r) \le x$이다,

(2) $z < x$이면 $z < \gamma(r)$, $\delta(r) < f(x)$인 $r \in \mathbb{Q}$가 존재한다

를 보이는 것과 마찬가지이다. 실제로, (1)은 x가 집합

$$\{\gamma(r) \in F : r \in \mathbb{Q},\ \delta(r) < f(x)\}$$

상계임을 말한다. 한편, (2)는 $z < x$이면 z는 이 집합의 상계가 아님을, 즉 x가 최소상계임을 말해준다.

이제, (1)을 보이자. 만일 $\delta(r) < f(x)$이면 $\delta(r)$은 집합

$$A_x = \{\delta(s) \in G : s \in \mathbb{Q},\ \gamma(s) < x\}$$

의 상계가 아니라는 뜻이므로, $\delta(r) < \delta(s)$, $\gamma(s) < x$인 $s \in \mathbb{Q}$가 존재한다. 그러면 $\gamma(r) < \gamma(s)$이므로 $\gamma(r) < x$가 성립한다. 또한, (2)를 보이기 위하여 $z < x$라 하자. 그러면 정리 2.5.2에 의하여 $z < \gamma(r) < x$인 유리수 $r \in \mathbb{Q}$가 존재한다. 그러면 $\delta(r) = f(\gamma(r)) < f(x)$이므로 (2)의 증명이 끝난다. 마찬가지 방법으로 $f \circ g = 1_G$도 물론 성립하여 f는 전단사함수임을 알 수 있다. □

문제 2.5.3. 정리 2.5.3의 증명과정에서 임의의 $x, y \in F$에 대하여 $f(xy) = f(x)f(y)$가 성립함을 보여라.

이제, 2.3절과 2.4절에서 구성한 실수체가 모두 완비순서체이고, 이들은 같은 순서체임을 알았다. 이제, 사족으로 (완1) $\Longrightarrow$ (완3)의 증명을 간단히 살펴보고 이 절을 맺는다.[6] 먼저 순서체 F의 코시 수열 $\alpha : \mathbb{N} \to F$가 주어졌다 하자. 도움정리 2.4.4에 의하여 수열 α가 수렴하는 부분수열을 가짐을 증명하면 된다.

---

6) 상세한 증명은 참고문헌 [3], 2장을 참조하라.

집합 $A = \{\alpha(n) : n \in \mathbb{N}\}$이 유한집합이면 간단하다. 이 집합 A가 무한집합인 경우라 하더라도 정리 2.4.1에 의하여 A는 위로 유계이고, 동시에 아래로 유계이다. 집합 A의 하계 a_0와 상계 b_0를 택하고 (완3) $\Longrightarrow$ (완1)의 증명 때와 비슷하게 '구간'를 반으로 계속 분할해 나가는데, 집합 A의 원소가 무한 개 속하는 쪽을 계속하여 선택한다. 그러면 이 구간들의 왼쪽 끝점들의 집합은 위로 유계이고, 가정 (완1)에 의하여 상한 a를 가진다. 또한, 이 구간들의 오른쪽 끝점들의 집합은 아래로 유계이므로 (완1)동치인 (완2)에 의하여 하한 b를 가진다. 그러면 (완3) $\Longrightarrow$ (완1)의 증명 때처럼 $a = b$가 되고, 이 원소의 근방에는 무한히 많은 A의 원소들이 있으므로 A의 원소들을 계속 택하여 수열을 만들어 a로 수렴하게 할 수 있다. 이 수열이 바로 우리가 원하던 원래 α의 수렴하는 부분수열이 된다.

이 장에서는 다시 집합론으로 돌아와서 집합론의 핵심이라 할 수 있는 무한집합을 공부하는데, 이때 피할 수 없는 것이 선택공리이다. 수학에서 어떤 성질을 만족하는 대상의 존재성을 논할 때, 반드시 그 대상을 어떻게 구성하는지 밝힐 필요 없이도 존재성을 주장할 수 있다는 것이 선택공리이다. 이 선택공리는 무한집합을 다룰 때뿐 아니라 수학의 여러 분야에서 필수불가결한 도구인데, 실제 이용될 때에는 여러 가지 동치 명제로 나타난다. 이 장에서는 먼저 이러한 동치 명제들에 어떤 것들이 있는지 알아본다. 무한집합의 특성은 자기자신의 진부분집합과 그 '개수'가 같을 수 있다는 점인데, 이를 증명하는 데에 선택공리를 이용한다. 우리가 일상생활에서 사용하는 자연수는 두 가지 기능을 가지고 있다. 그 하나는 첫째, 둘째, 셋째 등과 같이 순서 혹은 위치를 표시해준다. 또 다른 기능은 하나, 둘, 셋 등 개수를 표시해준다. 그런데 자연수가 표시할 수 있는 것은 유한 번째 혹은 유한개뿐이다. 따라서 무한 번째 혹은 무한개를 표시하는 '숫자'를 도입하려 하는데, 이것이 이 장에서 공부하려는 서수와 기수이다. 무한 서수와 무한 기수끼리도 자연수처럼 셈을 하는데, 보통 자연수의 연산과 달라지므로 유의하여야 한다.

3.1 선택공리

지난 1.2절의 정리 1.2.3에서 (가) $\Longrightarrow$ (나)의 증명을 다시 살펴보자. 그 핵심은 집합 X의 분할 $\mathcal{P}$가 있을 때, 각 $A \in \mathcal{P}$의 원소를 하나씩 선택할 수 있는가 하는 문제이다. 먼저 다음 명제

(선1) 함수 $f : X \to Y$가 전사이면 $f \circ g = 1_Y$를 만족하는 함수 $g : Y \to X$가 존재한다

를 가정하고, 이로부터 얻을 수 있는 명제가 어떤 것들인가 살펴보기로 하자. 집합 X의 분할 $\mathcal{P}$가 주어졌을 때, 각 $x \in X$가 속하는 $A \in \mathcal{P}$가 유일하게 결정되는데 이를 $f(x)$라 두자. 그러면 $f : X \to \mathcal{P}$는 전사함수이다. 이제 (선1)을 가정하면 $f \circ g = 1_{\mathcal{P}}$를 만족하는 함수 $g : \mathcal{P} \to X$가 존재한다. 그러면 $f(g(A)) = A$이므로 $g(A) \in A$임을 알 수 있다. 따라서 다음 명제

(선2) 집합 X의 분할 $\mathcal{P}$에 대하여, 각 $A \in \mathcal{P}$에 대하여 $g(A) \in A$를 만족하는 함수 $g : \mathcal{P} \to X$가 존재한다

가 성립하게 된다. 이 명제에서 $g(A)$는 X의 원소 가운데 A에 들어가는 것을 하나 고른 것이다.

역으로, (선2)를 가정하고 (선1)을 증명해보자. 함수 $f : X \to Y$가 전사이면 $\mathcal{P} = \{f^{-1}(\{y\}) : y \in Y\}$는 X의 분할이 됨을 쉽게 알 수 있다. 따라서 임의의 $y \in Y$에 대하여 $g[f^{-1}(\{y\})] \in f^{-1}(\{y\})$를 만족하는 함수 $g : \mathcal{P} \to X$가 존재한다. 만일 각 $y \in Y$에 대하여

$$h(y) = g[f^{-1}(\{y\})]$$

라 정의하면 $h : Y \to X$는 함수이고, $h(y) \in f^{-1}(\{y\})$이므로 원하는 $f(h(y)) = y$가 성립한다.

만일 (선2)를 가정하면 조금 강해보이는 다음 명제

(선3) 집합 X가 주어지면, 각 $A \in 2^X \setminus \{\varnothing\}$에 대하여 $h(A) \in A$를 만족하는 함수 $h : 2^X \setminus \{\varnothing\} \to X$가 존재한다

를 얻을 수 있다. 이를 보이기 위하여, 각 $A \in 2^X \setminus \{\varnothing\}$에 대하여

$$\widetilde{A} = \{(A, a) : a \in A\} \subset (2^X \setminus \{\varnothing\}) \times X$$

라 두면 $\mathcal{P} = \{\widetilde{A} : A \in 2^X \setminus \{\varnothing\}\}$는 집합 $Y = \bigcup\{\widetilde{A} : A \in 2^X \setminus \{\varnothing\}\}$의 분할이다. 실제로, $A, B \in 2^X \setminus \{\varnothing\}$이고 $(C, c) \in \widetilde{A} \cap \widetilde{B}$이면 $C = A = B$이므로 $\widetilde{A} = \widetilde{B}$이다. 따라서 임의의 $A \in 2^X \setminus \{\varnothing\}$에 대하여 $g(\widetilde{A}) \in \widetilde{A}$를 만족하는 함수 $g : \mathcal{P} \to Y$가 존재한다. 이때, $\pi_2 : (2^X \setminus \{\varnothing\}) \times X \to X$를 사영이라 두고,

$$h : A \mapsto \pi_2(g(\widetilde{A})), \qquad A \in 2^X \setminus \{\varnothing\}$$

라 정의하면, $h : 2^X \setminus \{\varnothing\} \to X$가 원하는 함수이다. 집합 X의 분할 $\mathcal{P}$는 $2^X \setminus \{\varnothing\}$의 부분집합이므로 (선3)을 가정하면 (선2)는 바로 나온다. 명제 (선3)에 언급된 바와 같이, 각 $A \in 2^X \setminus \{\varnothing\}$에 대하여 $h(A) \in A$를 만족하는 함수 $h : 2^X \setminus \{\varnothing\} \to X$를 집합 X의 **선택함수**라 하고 명제 (선3)을 **선택공리**라 부른다.

이제 선택공리와 동치인 명제 한 가지를 더 생각하자. 비어 있지 않은 집합 X와 Y의 곱집합 $X \times Y$가 비어 있지 않음은 자명하다. 예를 들어서 $x \in X$와 $y \in Y$를 택하면 $(x, y) \in X \times Y$이다. 임의의 집합족 $\{X_i : i \in I\}$의 곱집합에 대해서 다음 명제

(선4) 집합 I가 비어 있지 않고, 임의의 $i \in I$에 대하여 X_i가 비어 있지 않으면,
　　　$\prod_{i \in I} X_i$는 비어 있지 않다

를 생각해보자. 먼저 (선3)을 가정하여 집합 $X = \bigcup_{i \in I} X_i$의 선택함수 $h : 2^X \setminus \{\varnothing\} \to X$를 잡고, $g : I \to X$를 $g(i) = h(X_i)$라 정의하자. 그러면 각 $i \in I$에 대하여 $g(i) = h(X_i) \in X_i$이므로 $g \in \prod_{i \in I} X_i$이고, (선4)가 증명된다. 역으로, (선4)를 가정하고 (선3)을 증명해보자. 가정 (선4)로부터 $\prod\{A : A \in 2^X \setminus \{\varnothing\}\}$은 비어 있지 않음을 알 수 있으므로 $h \in \prod\{A : A \in 2^X \setminus \{\varnothing\}\}$를 하나 잡자. 그러면, 각 $A \in 2^X \setminus \{\varnothing\}$에 대하여 $h(A) \in A$이므로 h는 X의 선택함수이다. 따라서 (선1), (선2), (선3), (선4)는 모두 논리적으로 동치인 명제들이다.

선택공리가 수학에서 실제 사용될 때에는 대부분 순서와 관련된다. 다음 두 명제는 순서와 관련하여 선택공리와 논리적으로 동치인 명제들인데, 수학의 여러

분야에서 폭넓게 쓰인다.

정리 3.1.1 (소른[1] 도움정리). 공집합이 아닌 순서집합 X의 모든 사슬이 상계를 가지면 X는 극대원소를 가진다.

정리 3.1.2 (하우스도르프[2] 극대 원칙). 임의의 순서집합 X는 극대 사슬을 가진다.

먼저 이 정리들에 나오는 용어들의 정의를 살펴보자. 순서집합 X의 부분집합 A가 다음 성질

$$a, b \in A \implies a \leq b \text{ 혹은 } a \geq b \text{ 이다}$$

을 만족하면 A를 X의 **사슬**이라 한다.

보기 3.1.1. 지난 1.4절의 보기 1.4.4에 나오는 순서집합 2^X를 생각해보자. 만일 $a, b, c \in X$이면

$$\{\{a\}, \{a, c\}\}, \qquad \{\varnothing, \{a\}, \{a, b\}, \{a, b, c\}, X\}$$

등은 X의 사슬이고, X는 두 사슬의 상계이다. 실제로, 순서집합 2^X에서 X는 모든 부분집합의 상계이다. 지난 1.4절의 보기 1.4.1에서 두 원소 이상으로 구성된 사슬은 $\{a, b\}$와 $\{a, c\}$이고, 두 사슬은 상계를 가진다. 그러나 $\{b, c\}$는 사슬이 아니다. 또한 $\{b, c\}$는 상계를 가지지 않는다. □

이제 극대원소라는 개념을 정의하자. 순서집합 X의 원소 $m \in X$이 다음 성질

$$x \in X, \, x \geq m \implies x = m$$

을 만족할 때, m을 X의 **극대원소**라 한다. 마찬가지로, $n \in X$이 다음 성질

$$x \in X, \, x \leq n \implies x = n$$

---

1) Max Zorn (1906~1993), 독일 태생의 미국 수학자. 함부르크(Hamburg)에서 공부하였으나 나치에 의하여 추방되어 미국으로 건너간 후, 2차 대전 이후 인디애나(Indiana)에서 활동하였다.
2) Felix Hausdorff (1868~1942), 독일 수학자. Leipzig와 베를린에서 수학과 천문학을 공부한 뒤 다른 필명으로 저술활동을 하기도 하였다. 1902년부터 라이프치히(Leibzig)와 본(Bonn)에서 활동하였는데, 유대인 수용소로 가게 되자 가족과 더불어 스스로 목숨을 끊었다.

을 만족하면 n을 X의 **극소원소**라 한다. 순서집합 2^X에서 X는 극대원소인데, 사실 2^X의 극대원소는 X뿐이다. 지난 1.4절의 보기 1.4.1에서 b와 c는 극대원소이다. 그러나 이 경우 $X = \{a, b, c\}$는 최대원소를 가지지 않는다. 자연수집합 $\mathbb{N}$이나 정수집합 Z는 그 자체가 사슬인데, 극대원소를 가지지 않는다.

문제 3.1.1. 순서집합 X의 최대원소는 극대원소가 됨을 보여라. 극대원소가 하나뿐이지만 이 원소가 최대원소가 아닌 순서집합의 예를 들어라.

순서집합 X의 모든 사슬들을 모은 집합 $\mathcal{C}(X)$는 포함관계에 의하여 다시 순서집합이 된다. 정리 3.1.2는 이 순서집합 $\mathcal{C}(X)$가 극대원소를 가짐을 말한다. 본격적인 증명에 앞서서, 두 정리가 논리적으로 동치임을 보인다.

먼저 정리 3.1.1을 가정하고, 순서집합 $\mathcal{C}(X)$에 정리 3.1.1을 적용하려 한다. 만일 $\mathcal{C}$가 $\mathcal{C}(X)$의 사슬이면 $C = \bigcup \mathcal{C} \subset X$는 X의 사슬이다. 이를 보이기 위하여 $a, b \in C$라 하자. 그러면 $a \in C_1 \in \mathcal{C}$와 $b \in C_2 \in \mathcal{C}$인 C_1, C_2가 존재한다. 그런데 $\mathcal{C}$가 사슬이므로 $C_1 \subset C_2$ 혹은 $C_2 \subset C_1$이다. 만일 $C_1 \subset C_2$이면 $a, b \in C_2$인데, C_2가 X의 사슬이므로 $a \leq b$ 혹은 $b \leq a$이다. 물론 $C_2 \subset C_1$인 경우에도 마찬가지로 $a \leq b$ 혹은 $b \leq a$이다. 따라서 C는 X의 사슬이다. 즉 $C \in \mathcal{C}(X)$이다. 이제 C가 $\mathcal{C} \subset \mathcal{C}(X)$의 상계임은 자명하므로, 순서집합 $\mathcal{C}(X)$는 정리 3.1.1의 가정을 만족하고, $\mathcal{C}(X)$는 극대원소를 가진다. 따라서 정리 3.1.1을 가정하면 정리 3.1.2가 성립한다.

이제, 역으로 정리 3.1.2를 가정하고 정리 3.1.1이 성립함을 보이자. 이를 위하여 순서집합 X의 모든 사슬이 상계를 가진다고 가정하자. 정리 3.1.2에 의하여 X는 극대 사슬 C를 가지므로 이 사슬의 상계 $m \in X$를 택할 수 있는데, m이 X의 극대원소임을 보이면 된다. 이를 위하여 $x \in X$이고, $x > m$이라 가정하자. 그러면 x는 C의 임의의 원소와 비교할 수 있고, 따라서 $C \cup \{x\}$도 사슬이다. 그런데 $C \cup \{x\} \supsetneq C$이므로 C가 극대사슬이라는 데에 모순이다. 따라서 $x > m$인 $x \in X$은 존재하지 않으며 m이 X의 극대원소임을 알 수 있다.

위에서 살펴보았듯이 사슬 전체의 집합 $\mathcal{C}(X)$는 다음 도움정리의 두 조건을 만족한다. 따라서 정리 3.1.2는 다음 도움정리에서 바로 나오는데, 이 도움정리의 증명 과정에서 선택공리를 사용한다.

도움정리 3.1.3. 순서집합 X의 부분집합족 $\mathcal{X} \subset 2^X$가 다음 성질

(가) $A \in \mathcal{X}$, $B \subset A$이면 $B \in \mathcal{X}$이다.

(나) $\mathcal{C}$가 $\mathcal{X}$의 사슬이면 $\bigcup \mathcal{C} \in \mathcal{X}$이다

를 만족하면 $\mathcal{X}$는 극대원소를 가진다.

증명 두 조건을 만족하는 $\mathcal{X}$를 고정하고, 각 $A \in \mathcal{X}$에 대하여

$$\widetilde{A} = \{x \in X : A \cup \{x\} \in \mathcal{X}\}, \qquad A \in \mathcal{X}$$

라 정의하자. 그러면, 임의의 $A \in \mathcal{X}$에 대하여 $A \subset \widetilde{A}$이고, A가 $\mathcal{X}$의 극대원소일 필요충분조건은 $A = \widetilde{A}$이다. 집합 X의 선택함수 h를 택하고, 함수 $g : \mathcal{X} \to \mathcal{X}$를 다음

$$g(A) = \begin{cases} A \sqcup \{h(\widetilde{A} \setminus A)\}, & A \subsetneq \widetilde{A}, \\ A, & A = \widetilde{A} \end{cases}$$

과 같이 정의하자. 그러면 $g(A) = A$를 만족하는 $A \in \mathcal{X}$의 존재성을 밝힘으로써 증명이 끝난다. 물론 $g(A) \supset A$는 항상 성립한다.

이제, $\mathcal{X}$의 부분집합 $\mathcal{Y} \subset \mathcal{X}$에 관한 다음 조건

$$\varnothing \in \mathcal{Y}, \qquad A \in \mathcal{Y} \implies g(A) \in \mathcal{Y}, \qquad \mathcal{C} \in \mathcal{C}(\mathcal{Y}) \implies \bigcup \mathcal{C} \in \mathcal{Y} \qquad (3.1)$$

을 생각해보자. 이러한 조건을 만족하는 모든 $\mathcal{X}$의 부분집합들의 교집합을 $\mathcal{Y}_0$라 하자. 가정에 의하여 $\mathcal{X}$가 이 조건을 만족하고 $\varnothing \in \mathcal{Y}_0$이므로, $\mathcal{Y}_0$는 비어 있지 않으며 조건 (3.1)을 만족하는 최소의 집합족이 되는데, $\mathcal{X}$의 사슬임을 보이려 한다. 만일 $\mathcal{Y}_0$가 $\mathcal{X}$의 사슬임이 증명되면, $\mathcal{Y}_0 \in \mathcal{C}(\mathcal{Y}_0)$이므로 $A = \bigcup \mathcal{Y}_0 \in \mathcal{Y}_0$이고 다시 $g(A) \in \mathcal{Y}_0$이므로

$$g(A) \subset \bigcup \mathcal{Y}_0 = A$$

가 되어, 도움정리의 증명이 끝나게 된다.

이제 $C \in \mathcal{Y}_0$가 다음 성질

$$D \in \mathcal{Y}_0 \implies C \subset D \text{ 혹은 } D \subset C$$

을 만족할 때, C를 비교가능 원소라 부르자. 예를 들어, $\varnothing$은 비교가능 원소이다. 우리의 목표는 다음

$$C \text{ 가 비교가능 원소이다} \implies g(C) \text{ 가 비교가능 원소이다} \qquad (3.2)$$

를 증명하는 것이다. 이를 증명하고 나면, $\mathcal{Y}_0$의 모든 비교가능 원소들의 모임 $\mathcal{C}_0$가 조건 (3.1)을 만족하게 됨을 알게 된다. 그런데 $\mathcal{Y}_0$는 (3.1)을 만족하는 최소의 집합족이었으므로 $\mathcal{Y}_0 = \mathcal{C}_0$, 즉 $\mathcal{Y}_0$의 모든 원소는 비교가능임을 알게 되고, 따라서 $\mathcal{Y}_0$가 사슬이므로 증명이 끝난다.

이제부터 (3.2)를 증명하기 위하여 비교가능 원소 $C \in \mathcal{Y}_0$를 고정하고 다음 집합족

$$\mathcal{U} = \{A \in \mathcal{Y}_0 : A \subset C \text{ 혹은 } g(C) \subset A\}$$

에 대하여 (3.1)을 보이려 하는데, 첫째 및 셋째 조건은 자명하다.

이제 둘째 조건을 보이기 위하여, 임의의 $A \in \mathcal{Y}_0$에 대하여

$$A \subset C \text{ 혹은 } g(C) \subset A \implies g(A) \subset C \text{ 혹은 } g(C) \subset g(A) \qquad (3.3)$$

을 보이면 된다. 먼저 $A = C$이면 $g(C) = g(A)$이므로 되었고, $g(C) \subset A$인 경우에는 $g(C) \subset A \subset g(A)$이므로 되었다. 이제 $A \subsetneq C$라 하자. 그러면 C가 비교가능 원소이므로 $g(A) \subset C$이거나 $C \subset g(A)$이다. 만일 $C \subsetneq g(A)$이면 $A \subsetneq C \subsetneq g(A)$이므로 $g(A) \setminus A$는 두 개 이상의 원소를 가지게 되는데, 이는 g의 정의에 의하여 불가능하다. 따라서 조건 (3.3)이 증명되었고, 집합족 $\mathcal{U}$는 조건 (3.1)을 만족한다.

집합족 $\mathcal{Y}_0$는 조건 (3.1)을 만족하는 최소의 집합족인데 $\mathcal{U} \subset \mathcal{Y}_0$이므로 $\mathcal{U} = \mathcal{Y}_0$이다. 따라서 임의의 $A \in \mathcal{Y}_0$에 대하여 $A \subset C \subset g(C)$이거나 $g(C) \subset A$이다. 다시 말하여 $g(C)$는 비교가능 원소이다. 집합 $C \in \mathcal{Y}_0$가 임의의 비교가능 원소였으므로 (3.2)가 증명되었고, 모든 증명이 끝났다.   □

문제 3.1.2. 도움정리 3.1.3을 이용하여 정리 3.1.2를 증명하여라.

순서집합 X에서 임의의 비어 있지 않은 부분집합이 최소 원소를 가지면 X를 **정렬집합**이라 한고, 이러한 순서관계를 **정렬순서**라 한다. 정리 2.1.4는 자연수집합 $\mathbb{N}$이 정렬집합임을 말해준다. 정렬집합은 이미 그 자체로서 사슬이 된다.

이제 방금 증명한 소른 도움정리를 적용하여 임의의 집합 X에 정렬순서를 부여할 수 있음을 보이려고 하는데, 소른 도움정리가 적용되는 대표적인 사례이다. 먼저, X의 부분집합 A와 $G \subset A \times A$로서 A의 정렬순서를 부여해주는 관계들의 순서쌍 (A, G)들을 생각하고, 이러한 순서쌍 전체의 집합을 $\mathcal{X}$라 두자. 이제, 집합 $\mathcal{X}$에 순서관계를 부여하기 위하여, $(A, G), (B, H) \in \mathcal{X}$가 다음 조건

$$A \subset B, \qquad G \subset H, \qquad x \in A, y \in B \setminus A \Longrightarrow (x, y) \in H \qquad (3.4)$$

를 만족할 때, $(A, G) \leq (B, H)$라 정의하면 순서관계가 됨을 바로 확인할 수 있다. 순서집합 $\mathcal{X}$에 소른 도움정리를 적용하기 위하여 $\mathcal{C}$가 $\mathcal{X}$의 사슬이라 하고

$$A_0 = \bigcup \{A \subset X : (A, G) \in \mathcal{C}\},$$
$$G_0 = \bigcup \{G \subset X \times X : (A, G) \in \mathcal{C}\}$$

라 두자. 이제, $(A_0, G_0) \in \mathcal{X}$임을 보이려 하는데, 먼저 G_0가 A_0의 순서관계임을 보이자.

문제 3.1.3. (3.4)가 $\mathcal{X}$의 순서관계를 정의함을 보여라.

만일 $x \in A_0$이면 $x \in A$인 $(A, G) \in \mathcal{C}$가 있다. 따라서 임의의 $x \in A_0$에 대하여 $(x, x) \in G \subset G_0$이고, (순1)이 증명된다. 다음으로 (순2)를 보이기 위하여 $x, y \in A_0$, $(x, y) \in G_0$, $(y, x) \in G_0$라 가정하자. 그러면 $(x, y) \in G$이고 $(y, x) \in H$인 $(A, G), (B, H) \in \mathcal{C}$가 있다. 그런데 $\mathcal{C}$가 사슬이므로 $(A, G) \leq (B, H)$이거나 $(A, G) \geq (B, H)$이다. 어느 경우이거나, (x, y) 및 (y, x)는 모두 $G \cup H \subset (A \cup B) \times (A \cup B)$에 속하게 되는데, $G \cup H$는 $A \cup B$의 순서관계이다. 따라서 $x = y$이다. 끝으로, $(x, y), (y, z) \in G_0$라 가정하자. 이번에도 $(x, y) \in G$이고 $(y, z) \in H$인 $(A, G), (B, H) \in \mathcal{C}$가 있는데, 방금 증명한 경우와 마찬가지로 $(x, z) \in G_0$임이 증명된다.

이제, G_0가 A_0의 정렬순서임을 보여야 한다. 이를 위하여 $\varnothing \neq B \subset A_0$라 하자. 그러면 적절한 $(A, G) \in \mathcal{C}$에 대하여 $B \cap A \neq \varnothing$이다. 이제 $\varnothing \neq B \cap A \subset A$이고, G가 A의 정렬순서이므로 $B \cap A$는 최소 원소 b를 가진다. 즉,

$$b \in B \cap A, \qquad a \in B \cap A \Longrightarrow (b, a) \in G$$

가 성립한다. 이제 $b \in B$가 $B \subset A_0$의 최소 원소임을 보이자. 즉,

$$x \in B \implies (b, x) \in G_0$$

임을 보이려 한다. 이를 위하여 $x \in B$라 하자. 먼저 $x \in A$이면 $x \in B \cap A$이므로 $(b, x) \in G \subset G_0$가 된다. 이제 $x \notin A$라 하자. 그러면 적절한 $(C, K) \in \mathcal{C}$에 대하여 $x \in C$인데, $x \in C \setminus A$이므로 $C \nsubseteq A$이다. 따라서 $(C, K) \nleq (A, G)$인데, $\mathcal{C}$가 사슬이므로 $(A, G) \leq (C, K)$가 된다. 그런데 $b \in A$이고 $x \in C \setminus A$이므로 $(A, G) \leq (C, K)$의 정의에 의하여 $(b, x) \in K \subset G_0$임을 알 수 있다. 이제, $(A_0, G_0) \in \mathcal{X}$가 $\mathcal{C}$의 상계임을 보이는 과정은 방금 증명한 방법과 비슷하므로 생략한다.

문제 3.1.4. $(A_0, G_0) \in \mathcal{X}$가 $\mathcal{C}$의 상계임을 보여라.

지금까지, 순서집합 $\mathcal{X}$가 정리 3.1.1의 가정을 만족한다는 것을 보였다. 따라서 $\mathcal{X}$는 극대원소 $(D, L) \in \mathcal{X}$를 가진다. 이제, $D = X$임을 보이자. 만일 $D \subsetneq X$이면 $x \in X \setminus D$를 잡고,

$$E = D \cup \{x\}, \qquad M = L \cup \{(a, x) : a \in D\} \cup \{(x, x)\}$$

라 두자. 그러면 M은 E의 순서관계가 되는데 x는 임의의 $a \in D$보다 큰 원소이다. 따라서 (E, M)은 정렬집합이고 $(E, M) \in \mathcal{X}$인데 $(E, M) > (D, L)$이다. 이는 (D, L)이 극대원소라는 데에 모순이다. 결국 $D = X$이고, L은 X에 정의된 정렬순서이다. 따라서 다음 정리를 얻는다.

정리 3.1.4 (체르멜로[3]정렬정리). 임의의 집합에는 정렬순서가 존재한다.

이제, 정리 3.1.4를 가정하면 선택공리를 쉽게 얻을 수 있다. 실제로, 집합 X가 정렬집합일 때, 임의의 $A \in 2^X \setminus \{\varnothing\}$에 대하여 A의 최소 원소를 $h(A)$라 하면 $h : 2^X \setminus \{\varnothing\} \to X$는 선택함수이다. 따라서 선택공리, 정리 3.1.1, 정리 3.1.2, 정리 3.1.4가 모두 논리적으로 동치임을 알 수 있다.

---

3) Ernst Friedrich Ferdinand Zermelo (1871~1953), 독일 수학자. 베를린에서 공부하고, 괴팅겐과 취리히 등에서 활동하였다.

3.2 선택공리의 응용

이 절에서는 선택공리, 특히 정리 3.1.1이나 정리 3.1.2가 수학의 여러 분야에 어떻게 적용되는지 살펴보려 한다. 선택공리를 사용하는 정리들은 각 해당 분야에서 매우 중요한 역할을 하는 경우가 많다. 이러한 정리들의 예를 살펴보고 선택공리를 이용하여 어떻게 증명되는지 살펴보는 것이 목적이기 때문에, 정리에 나오는 용어를 모두 정의하고 해당 정리를 끝까지 증명하는 것은 피하고 선택공리가 쓰이는 부분을 집중적으로 살펴보려 한다.

벡터공간 V의 부분집합 B가 다음 두 가지 성질

(가) $v_1, v_2, \ldots, v_n \in B$와 스칼라 $a_1, a_2, \ldots a_n$이 다음

$$a_1 v_1 + a_2 v_2 + \cdots + a_n v_n = 0 \tag{3.5}$$

을 만족하면 $a_1 = a_2 = \cdots = a_n = 0$이다,

(나) 임의의 $v \in V$에 대하여 $v = a_1 v_1 + a_2 v_2 + \cdots + a_n v_n$을 만족하는 $v_1, v_2, \ldots, v_n \in B$와 스칼라 $a_1, a_2, \ldots a_n$이 존재한다

을 만족하면 B를 벡터공간 V의 **기저**라 부른다.

이제 정리 3.1.1을 이용하여 임의의 벡터공간에 기저가 존재함을 보이는데, 이는 수학의 여러 분야에서 쓰이는 전형적인 방법이다. 먼저 성질 (가)를 만족하는 V의 부분집합 전체의 집합을 $\mathcal{X}$라 하자. 우선 0 아닌 벡터 하나로 이루어진 집합은 (가)를 만족하므로 $\mathcal{X}$는 비어 있지 않다. 이 집합은 포함관계에 의하여 순서집합이 되는데 모든 사슬이 상계를 가진다는 것을 보이자. 이를 위하여 $\mathcal{X}$의 사슬 $\mathcal{C}$를 하나 잡자. 이제 $C = \bigcup \mathcal{C}$가 다시 $\mathcal{X}$의 원소가 된다는 것을 보이면 $\bigcup \mathcal{C}$는 $\mathcal{C}$의 상계가 될 것이다. 만일 $v_1, v_2, \ldots, v_n \in C$이면 각 $i = 1, 2, \ldots$에 대하여 $v_i \in C_i$인 $C_i \in \mathcal{C}$를 찾을 수 있다. 그런데 $\mathcal{C}$가 사슬이므로 $\{C_1, C_2, \ldots C_n\}$의 최대 원소를 잡을 수 있다. 그 최대 원소를 C_0라 두면(물론, C_0는 $C_1, C_2, \ldots, C_n$ 중의 하나이다)각 v_i는 $C_0 \in \mathcal{C}$의 원소가 된다. 따라서 스칼라 $a_1, a_2, \ldots a_n$이 (3.5)를 만족하면

$$a_1 = a_2 = \cdots = a_n = 0$$

이 된다. 결국, C는 성질 (가)를 만족하고, 순서집합 $\mathcal{X}$가 정리 3.1.1의 가정을 만족함을 보였으므로, $\mathcal{X}$에는 극대 원소 B가 존재한다. 이제, B가 성질 (나)를 만족함을 보이면 증명이 끝난다.

이를 위하여 B가 성질 (나)를 만족하지 않는다고 가정하자. 그러면 (나)에 나오는 형태로 표시되지 않는 원소 $v \in V$가 존재한다. 이제 $B \sqcup \{v\}$가 성질 (가)를 만족함을 보이면 B가 $\mathcal{X}$의 극대 원소라는 데에 모순이 되어 증명이 끝난다. 이제, 우리가 증명해야 할 내용을 정확하게 기술해보자. 집합 $B \subset V$가 있을 때, 유한개의 $v_1, v_2, \ldots, v_n \in B$와 스칼라 $a_1, a_2, \ldots a_n$에 대하여

$$a_1 v_1 + a_2 v_2 + \cdots + a_n v_n$$

으로 표시되는 벡터 전체의 집합을 $\operatorname{span} B$라 표시하자. 성질 (나)는 $V = \operatorname{span} B$임을 말하고 있다. 우리가 증명해야 하는 내용을 서술하면 다음

- 만일 벡터공간 V의 부분집합 $B \subset V$가 성질 (가)를 만족하고 $v \notin \operatorname{span} B$이면 $B \sqcup \{v\}$도 성질 (가)를 만족한다

과 같이 된다. 이 명제는 초보적인 선형대수의 지식을 이용하면 바로 증명할 수 있으므로 생략하고, 결론을 써보자.

정리 3.2.1. 임의의 벡터공간에는 기저가 존재한다.

지금까지의 논증은 다음과 같이 보다 단순화할 수 있다. 먼저, V의 원소 v_1을 잡는다. 만일 $\operatorname{span} \{v_1\} = V$이면 $\{v_1\}$이 기저이므로 증명이 끝난다. 만일 $\operatorname{span} \{v_1\} \subsetneq V$이면 $v_2 \in V \setminus \operatorname{span} \{v_1\}$를 선택한다. 만일 $\operatorname{span} \{v_1, v_2\} = V$이면 $\{v_1, v_2\}$가 기저이므로 역시 증명이 끝난다. 만일 $\operatorname{span} \{v_1, v_2\} \subsetneq V$이면 다시 $v_3 \in V \setminus \operatorname{span} \{v_1, v_2\}$를 잡는다. 이러한 과정을 되풀이하여 $V = \operatorname{span} B$가 될 때까지 B의 원소를 계속 선택하면 되는데, 유한 번의 단계에서 끝나는 경우에는 별 문제가 없지만 어느 경우나 그 선택이 존재한다는 것이 바로 선택공리가 말하는 것이다. 물론 유한차원 벡터공간에서는 선택공리를 사용하지 않고 증명을 마칠 수 있다.

이와 유사한 논증 방법은 여러 가지 확장정리에서 볼 수 있다. 집합 $A \subset X$와 함수 $f : A \to Y$가 주어져 있을 때, $\widetilde{f}|_A = f$를 만족하는 $\widetilde{f} : X \to Y$를 f의

확장이라고 한다. 이러한 확장이 존재하는가 하는 문제는 수학의 모든 분야에서
대단히 중요한 문제이다.

물론 임의의 함수 $f : A \to Y$는 임의의 $X \supset A$에 대하여 확장을 가진다.
예를 들면 $y_0 \in Y$를 고정하고 각 $x \in X \setminus A$에 대하여 $\widetilde{f}(x) = y_0$라 정의하면
된다. 그러나 많은 경우 어떤 조건을 만족하는 확장을 요구하게 된다. 예를
들어, V, W가 벡터공간, V_0는 V의 부분공간, $f : V_0 \to W$가 선형사상일 때,
그 확장 $\widetilde{f} : V \to W$도 선형사상임을 요구할 수 있다. 이 경우, 다음과 같이
논리를 전개할 수 있다.

우선 $v_1 \in V \setminus V_0$, $w_1 \in W$를 잡고 $V_1 = \operatorname{span} V_0 \cup \{v_1\}$이라 두자. 임의의
$v \in V_1$은 $v = v_0 + a_1 v_1$(단, $v_0 \in V$, a_1은 스칼라)로 표시되므로

$$\widetilde{f_1} : v_0 + a_1 v_1 \mapsto f(v_0) + a_1 w_1 : V_1 \to W$$

라 정의하면 $\widetilde{f_1}$은 선형사상이고 $\widetilde{f_1}|_{V_0} = f$이다. 만일 $V = V_1$이면 증명이 끝난
다. 만일 $V_1 \subsetneq V$이면 $v_2 \in V \setminus V_1$와 $w_2 \in W$를 잡아서 $V_2 = \operatorname{span} V_1 \sqcup \{v_2\}$
이라 두고, 같은 과정을 반복하면 $\widetilde{f_2}|_{V_1} = \widetilde{f_1}$인 선형사상 $\widetilde{f_2} : V_2 \to W$을
얻는다. 물론 $V_2 = V$이면 증명이 끝나고, 그렇지 않으면 $v_3 \in V \setminus V_2$를 택하여
같은 작업을 계속하면 원하는 선형사상 $\widetilde{f} : V \to W$를 얻을 수 있다. 물론
이러한 선택이 존재한다는 것이 바로 선택공리이다. 선택공리를 이용한 보다
엄밀한 증명은 정리 3.1.4의 증명과 비슷한 과정을 거치는데, 이러한 논증 방법은
선택공리를 적용하는 전형적인 방법이다. 이번에는 정리 3.1.2를 이용하여 다음
정리를 증명해보자.

정리 3.2.2. 벡터공간 V의 부분공간 V_0에서 정의된 임의의 선형사상 $f : V_0 \to W$
에 대하여 $\widetilde{f}|_{V_0} = f$를 만족하는 선형사상 $\widetilde{f} : V \to W$가 존재한다.

증명 먼저 순서집합을 만드는데, V_0를 품는 V의 부분공간 V_ι와 $\widetilde{f_\iota}|_{V_0} = f$를
만족하는 선형사상 $\widetilde{f_\iota} : V_\iota \to W$의 순서쌍 $(V_\iota, \widetilde{f_\iota})$를 생각하자. 이제, 이러한

순서쌍 전체의 집합 $\mathcal{X} = \{(V_\iota, \tilde{f}_\iota) : \iota \in I\}$에 순서관계를 주는데, 다음 조건

$$V_1 \subset V_2, \qquad \tilde{f}_2|_{V_1} = \tilde{f}_1$$

을 만족할 때, $(V_1, \tilde{f}_1) \leq (V_2, \tilde{f}_2)$라 정의하자. 그러면 순서관계가 됨을 바로 확인할 수 있고, $(V_0, f) \in \mathcal{X}$이므로 $\mathcal{X}$는 비어 있지 않다. 이제, 정리 3.1.2에 의하여 극대 사슬 $\mathcal{C} = \{(V_\iota, \tilde{f}_\iota) : i \in J\}$가 존재하는데, $Z = \bigcup\{V_\iota : \iota \in J\}$는 벡터공간임을 바로 확인할 수 있다. 또한, $v \in Z$가 V_ι에 들어가면 $\tilde{f}_Z(v) = \tilde{f}_\iota(v)$라 정의함으로써 선형사상 $\tilde{f}_Z : Z \to W$를 얻는데, $\tilde{f}_Z|_{V_0} = f$임은 자명하고, $\tilde{f}_Z$가 잘 정의되어 있음은 쉽게 보일 수 있다. 이제 $Z = V$임을 보이면 증명이 끝난다. 이를 보이기 위하여, $Z \subsetneq V$라 가정하고, $v \in V \setminus Z$를 잡자. 그러면 앞에서 한 방법에 의하여 함수 $\tilde{f}_Z : Z \to W$를 $Z_1 = \mathrm{span}\,(Z \sqcup \{v\})$에 확장하여 선형사상 $\tilde{f}_{Z_1}$을 얻는다. 그러면 $(Z_1, \tilde{f}_{Z_1})$은 $\mathcal{C}$에 들어가지 않으므로 $\mathcal{C} \sqcup \{(Z_1, \tilde{f}_{Z_1})\}$은 $\mathcal{C}$보다 큰 사슬이 된다. 이는 $\mathcal{C}$가 극대 사슬이라는 데에 모순이고, 따라서 $Z = V$가 되어 증명이 끝난다.   □

여러 가지 함수공간을 비롯한 무한차원 벡터공간을 다루기 위해서는 무한합을 정의할 수 있어야 하는데, 이를 위해서는 벡터 사이에 거리 혹은 노음이 정의되어 있어야 한다. 이렇게 노음이 부여된 벡터공간을 노음공간이라 부른다. 이 경우, 노음공간 사이의 의미있는 선형사상은 노음이 유계인 유계사상이다. 위 정리와 마찬가지로 차원이 하나 높은 공간으로 노음이 보존되는 확장이 가능하다는 것을 보이면 임의의 부분공간에서 정의된 유계사상을 노음이 보존되도록 전체공간에 확장할 수 있다. 특히, 그 공역이 스칼라인 경우 이것이 가능한데, 이를 말해주는 것이 함수해석의 기본 도구인 한[4]–바나흐[5] 정리이다. 선택공리가 이용되는 과정이 정리 3.2.2의 증명과 같으므로 그 증명은 하지 않는다.[6]

---

4) Hans Hahn (1879~1934), 오스트리아 수학자. 슈트라스부르크(Strassburg)와 뮌헨(München)에서 공부하고 비엔나에서 활동하였다.

5) Stefan Banach (1892~1945), 폴란드 수학자. 정식으로 수학교육을 받은 바 없지만, 1922년부터 르보프(Lwów, 2차 대전 이후 우크라이나에 편입됨)에서 활동하였으며 폴란드 수학회장을 역임하였다. 그에 관한 전기로 [22]가 있다.

6) 노음공간과 유계사상, 그리고 한–바나흐 정리에 관한 자세한 내용은 참고문헌 [2], 6장을 참조하라.

정리 3.2.3. 노음공간 X와 그 부분공간 Y가 주어져 있다. 그러면 임의의 유계 선형사상 $\phi : Y \to \mathbb{C}$에 대하여 다음 성질

$$\widetilde{\phi}|_Y = \phi, \qquad \|\widetilde{\phi}\| = \|\phi\|$$

을 만족하는 유계 선형사상 $\widetilde{\phi} : X \to \mathbb{C}$가 존재한다.

이 외에도, 옹골공간들의 곱집합에 곱위상을 부여하면 다시 옹골공간의 된다는 위상수학의 티호노프[7] 정리, 자유군의 부분군이 다시 자유군이 된다는 대수학의 슈라이어[8] 정리 등도 그 증명에서 선택공리가 사용되는 대표적인 예이다.

3.3   정렬집합과 서수

정렬집합의 대표적인 예는 물론 자연수 전체의 순서집합 $\mathbb{N}$이다. 앞으로 자연수 전체의 집합 $\mathbb{N}$을 정렬집합으로 이해할 때에는 ω라 쓴다. 각 자연수 $n = \{0, 1, \ldots, n-1\}$은 그 자체로서 이미 정렬집합이다. 기존의 정렬집합들로 부터 새로운 정렬집합을 만들어내는 방법에는 여러 가지가 있다.

정렬집합 A와 $x \in A$에 대하여 다음

$$S_x = \{a \in A : a < x\} \tag{3.6}$$

과 같이 정의된 집합 S_x를 x에 의한 A의 **절편**이라 부른다. 정렬집합의 절편은 당연히 정렬집합이다.

보기 3.3.1. 임의의 $n \in \omega$에 대하여 $S_n = n$이다. 또한, 임의의 $m \in n$에 대하여 $S_m = m$이다. □

이제 두 정렬집합 A, B가 서로소일 때, 그 합집합 $A \sqcup B$에 순서를 정의해보자.

---

7) Andreï Nikolaevich Tikhonov (1906~1993), 러시아 수학자. 모스크바에서 활동하였다.

8) Otto Schreier (1901~1929), 오스트리아 수학자. 비엔나에서 공부하고 함부르크에서 잠시 활동하다 요절하였다.

각 $x, y \in A \sqcup B$에 대하여 다음

$$x, y \in A,\ x \leq y \quad \text{혹은} \quad x, y \in B,\ x \leq y \quad \text{혹은} \quad x \in A,\ y \in B \qquad (3.7)$$

이 성립할 때, $x \leq y$라 정의하자. 여기서 $x, y \in A$인 경우 $x \leq y$라 함은 물론 A에서 정의된 순서를 따르는 것이고 $x, y \in B$의 경우도 마찬가지이다. 이렇게 $A \sqcup B$에 새로이 정의된 관계가 정렬순서가 됨은 자명하다.

문제 3.3.1. 서로소인 정렬집합 A, B의 합집합 $A \sqcup B$에 (3.7)과 같이 순서를 정의하면 정렬순서가 됨을 보여라.

보기 3.3.2. 한 가지 주의할 점으로 $A \sqcup B$와 $B \sqcup A$는 집합으로서는 같은 집합이지만 순서집합으로서는 다르다. 예를 들어서 $\omega \sqcup \{x\}$에서는 맨 뒤에 나오는 $x \in \{x\}$가 최대 원소이다. 그러나 $\{x\} \sqcup \omega$에는 최대 원소가 없다. 실제로 $\{x\} \sqcup \omega$는 ω와 '같은' 순서집합이다. □

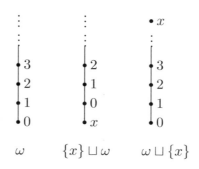

순서집합 A, B 사이에 정의된 함수 $f : A \to B$가 다음 조건

$$x, y \in A,\ x \leq y \implies f(x) \leq f(y)$$

를 만족하면, 이를 **증가함수**라 한다. 만일 자기 자신 f와 그 역함수 f^{-1}가 모두 증가함수인 전단사함수 $f : A \to B$가 존재하면 A와 B는 **순서동형**이라 부르고, $A \approx B$라 쓴다. 예를 들어 $f(x) = 0$, $f(n) = n + 1$이라 정의된 함수 $f : \{x\} \sqcup \omega \to \omega$는 순서동형을 정의하여 준다.

문제 3.3.2. 만일 정렬집합 A, B 사이에 정의된 함수 $f : A \to B$가 증가하는 전단사함수이면 $x \leq y \iff f(x) \leq f(y)$이 성립함을 보여라.

이제 순서집합 A, B의 곱집합 $A \times B$에 순서를 정의해보자. 두 원소 $(a_1, b_1) \in A \times B$과 $(a_2, b_2) \in A \times B$에 대하여 다음

$$a_1 < a_2 \quad \text{혹은} \quad a_1 = a_2, \ b_1 \leq b_2$$

가 성립할 때, $(a_1, b_1) \leq (a_2, b_2)$라 정의하자. 이와같이 $A \times B$에 정의된 순서를 **사전순서**라 부른다. 마찬가지로 다음

$$b_1 < b_2 \quad \text{혹은} \quad b_1 = b_2, \ a_1 \leq a_2 \tag{3.8}$$

가 성립할 때, $(a_1, b_1) \leq (a_2, b_2)$라 정의된 순서를 **반사전순서**라 부른다. 만일 A, B가 정렬집합이면 $A \times B$에 정의된 사전순서나 반사전순서는 모두 정렬순서가 된다. 앞으로, 정렬집합의 곱집합에는 반사전순서가 부여된 것으로 간주한다.

보기 3.3.3. 정렬집합의 곱하기도 교환이 되지 않는다. 예를 들어서 $X = \{x, y\}$(단, $x < y$)일 때 $\omega \times X$의 순서는 작은 것부터 나열할 때 다음

$$(0, x), \ (1, x), \ (2, x), \ldots, (0, y), \ (1, y), \ (2, y), \ldots$$

과 같이 주어진다. 그러나 $X \times \omega$에서는 다음

$$(x, 0), \ (y, 0), \ (x, 1), \ (y, 1), \ (x, 2), \ (y, 2), \ldots$$

과 같이 순서가 주어진다. 따라서 $X \times \omega \cong \omega$이다. $\qquad \square$

정렬집합을 그림으로 나타낼 때에는 지면을 절약하기 위하여 큰 원소를 위에 넣는 대신 오른쪽에 넣기로 한다. 그리고, 원소와 원소 사이에 순서가 있음을 표시하는 직선도 의미가 없으므로 생략하기로 한다.

$$
\begin{array}{llllllllll}
\omega \times X & \bullet & \bullet & \bullet & \cdots & \bullet & \bullet & \bullet & \cdots \\
X \times \omega & \bullet & \bullet & \bullet & \bullet & \bullet & \bullet & \cdots \\
\omega & \bullet & \bullet & \bullet & \bullet & \bullet & \bullet & \cdots
\end{array}
$$

이제부터 두 정렬집합을 비교하려 한다. 결론부터 말하면 두 정렬집합은 서로 같거나, 어느 한쪽이 다른 쪽의 절편이 된다. 이를 명확하게 기술하자.

정리 3.3.1. 두 정렬집합 A, B가 주어지면 다음

(가) A와 B는 순서동형이다,

(나) A는 B의 절편과 순서동형이다,

(다) B는 A의 절편과 순서동형이다

중 하나가 성립한다.

증명 먼저, 다음

$$p, q \in B, \ f : S_q \to S_p \text{ 가 증가 단사함수} \implies q \le p \tag{3.9}$$

이 성립함을 보이자. 이를 위하여 $f : S_q \to S_p$가 증가 단사함수이고, $p < q$라 가정하자. 이때,

$$P = \{x \in S_q : f(x) < x\}$$

라 정의하자. 만일 $P \ne \varnothing$이면 P는 최소 원소 m을 가진다. 특히, $f(m) < m$이 므로 $f(f(m)) < f(m)$이 성립하고, 따라서 $f(m) \in P$이다. 그런데 $f(m) < m$ 이므로, 이는 m이 P의 최소 원소라는 데에 모순이고, 따라서 $P = \varnothing$임을 알 수 있다. 특히, $p \in S_q \setminus P$이므로 $f(p) \ge p$이고, 따라서 $f(p) \notin S_p$인데, 이는 f의 정의에 의하여 불가능하므로 (3.9)가 증명되었다. 이에 의하여 다음

$$p, q \in B, \ S_p \cong S_q \implies p = q \tag{3.10}$$

이 성립함은 자명하다.

이제, 정렬집합 A의 부분집합 C를 다음

$$C = \{x \in A : S_x \cong S_p \text{ 인 } p \in B \text{ 가 존재한다}\}$$

과 같이 정의한다. 또한 새로운 함수 $\phi : C \to B$를 정의하는데, (3.10)에 의하여 $x \in C$이고 $S_x \cong S_p$이면 $\phi(x) = p$라 정의할 수 있다. 만일 $\phi(x) = \phi(y) = p$ 이면 $S_x \cong S_p \cong S_y$인데, 다시 (3.10)에 의하여 $x = y$이므로 $\phi : C \to B$는 단사함수이다. 이제,

$$x, y \in C, \ x \le y \implies \phi(x) \le \phi(y) \tag{3.11}$$

이 성립함을 보이자. 만일 $f : S_x \to S_{\phi(x)}$, $g : S_y \to S_{\phi(y)}$가 순서동형을 정의한다 하자. 그러면 $x \le y$이므로 포함함수 $\iota : S_x \hookrightarrow S_y$를 생각할 수 있고, 합성함수

$$g \circ \iota \circ f^{-1} : S_{\phi(x)} \to S_{\phi(y)}$$

는 증가 단사함수이다. 따라서 (3.9)에 의하여 $\phi(x) \leq \phi(y)$임을 알 수 있고, 함수 $\phi : C \to \phi(C)$는 순서동형을 정의한다.

이제 $C = A$이거나 C는 A의 절편임을 보이자. 이를 위하여 다음

$$x \in A, \ y \in C, \ x < y \implies x \in C \tag{3.12}$$

이 성립함을 보이자. 먼저, $y \in C$이므로 순서동형 $g : S_y \to S_{\phi(y)}$를 잡을 수 있다. 한편 $x < y$이므로 $S_x \subset S_y$인데 $g(S_x) = S_{g(x)}$임을 보이자. 만일 $z \in S_y$이면,

$$z \in S_x \iff z < x \iff g(z) < g(x) \iff g(z) \in S_{g(x)}$$

이므로 $g|_{S_x} : S_x \to S_{g(x)}$ 역시 순서동형을 정의한다. 따라서 $x \in C$임을 알 수 있다.

일반적으로, 정렬집합 A의 부분집합 $C \subset A$가 성질 (3.12)를 만족하면 자동적으로 $C = A$이거나 C는 A의 절편이 된다. 이를 보이기 위하여 $C \subsetneq A$라 하면, $A \setminus C$는 최소 원소 ℓ을 가지는데, 이 경우 $C = S_\ell$이다. 만일 $x \in S_\ell$이면 $x < \ell$이므로 $x \in C$이다. 왜냐하면, 만일 $x \in A \setminus C$이면 ℓ이 $A \setminus C$의 최소 원소라는 데에 모순이기 때문이다. 역으로, $x \in C$라 하자. 만일 $\ell \leq x$이면 (3.12)에 의하여 $\ell \in C$인데, 이 역시 ℓ이 $A \setminus C$의 최소 원소라는 데에 모순이다. 따라서 $x \in C$이면 $x < \ell$, 즉 $x \in S_\ell$임을 알 수 있다. 따라서 $C = A$이거나 C는 A의 절편이다. 마찬가지로 $\phi(C) = B$이거나 $\phi(C)$는 B의 절편이다.

그러므로 다음 네 가지 경우가 생긴다.

(1) $C = A$, $\phi(C) = B$이다.

(2) $C = A$, $\phi(C)$는 B의 절편이다.

(3) C는 A의 절편이고, $\phi(C) = B$이다.

(4) C는 A의 절편이고, $\phi(C)$는 B의 절편이다.

이미 $\phi : C \to \phi(C)$가 순서동형을 정의하는 것을 보였으므로, 네 번째 경우가 일어나지 않음을 보이면 전체 증명이 끝난다. 이를 보이기 위하여 $C = S_x$, $\phi(C) = S_p$라 가정하자. 그러면 $C \cong \phi(C)$이므로 $S_x \cong S_p$이고, 이는 $x \in C = S_x$임을 뜻한다. 즉, $x < x$임을 뜻하는데, 이는 모순이다. 그러므로 네 번째 경우는 일어날 수 없고, 증명이 끝난다. □

문제 3.3.3. 정렬집합 A의 부분집합 C는 A 혹은 A의 절편과 순서동형임을 보여라.

임의의 유한 정렬집합 X는 딱 하나의 자연수 n과 순서동형임이 분명한데, 이때, $\mathrm{ord}\,(X) = n$이라 쓴다. 임의의 정렬집합 A에 다음 성질

$$A_1 \cong A_2 \iff \mathrm{ord}\,(A_1) = \mathrm{ord}\,(A_2) \tag{3.13}$$

이 만족하도록 $\mathrm{ord}\,(A)$를 대응시킬 때 $\mathrm{ord}\,(X)$를 X의 **서수**라 부른다.[9] 앞으로, $\mathrm{ord}\,(\mathbb{N}) = \omega$로 표시한다.

이제, 서수들 사이의 연산을 정의하자. 먼저 더하기를 정의하는데, $\mathrm{ord}\,(A) = \alpha$, $\mathrm{ord}\,(B) = \beta$가 되도록 서로소인 정렬집합 A, B를 잡아

$$\alpha + \beta = \mathrm{ord}\,(A \sqcup B)$$

로 정의한다. 여기서, $A \sqcup B$의 정렬순서는 (3.7)에 의하여 결정된다. 따라서 보기 3.3.2에서 보듯이

$$\omega + 1 \neq 1 + \omega = \omega$$

이므로, 더하기에 관한 교환법칙이 성립하지 않음을 유념하여야 한다. 곱하기는 $A \times B$에 (3.8)에서 정의된 반사전순서를 부여한 후,

$$\alpha\beta = \mathrm{ord}\,(A \times B)$$

라 정의한다. 마찬가지로, 보기 3.3.3에서 보듯이

$$\omega 2 \neq 2\omega = \omega$$

이므로, 곱하기에 관한 교환법칙도 성립하지 않는다. 만일 $g : A \to C$, $h : B \to D$가 순서동형을 정의한다면 $f : A \sqcup B \to C \sqcup D$를

$$f(x) = \begin{cases} g(x), & x \in A, \\ h(x), & x \in B \end{cases} \tag{3.14}$$

라 정의하면 f도 순서동형을 정의하므로, $a + b$가 잘 정의되어 있음을 알 수 있다. 이렇게 정의된 함수 f를 $g \sqcup h$라 쓴다.

문제 3.3.4. 서수의 곱하기가 잘 정의되어 있음을 보여라. 서수의 더하기와 곱하기에 관하여 결합법칙이 성립함을 보여라.

---

[9] 서수가 '무엇'인가 하는 정의는 3.6절에서 한다.

서수의 연산에 관한 배분법칙도 조심해야 한다. 예를 들어서

$$(1+1)\omega = 2\omega \neq \omega 2 = \omega + \omega = 1\omega + 1\omega$$

이다. 그러나 왼쪽 배분법칙

$$\alpha(\beta + \gamma) = \alpha\beta + \alpha\gamma \qquad\qquad (3.15)$$

은 성립한다.

문제 3.3.5. 서수에 관한 등식 (3.15)를 증명하여라.

이제, 서수들 사이에 순서를 정의하려 한다. 서수 α와 β에 대하여 $\mathrm{ord}\,(A) = \alpha$, $\mathrm{ord}\,(B) = \beta$인 정렬집합 A, B를 잡자. 만일 A가 B의 절편과 순서동형이면 $\alpha < \beta$라 정의하고, $\alpha < \beta$이거나 $\alpha = \beta$인 경우 $\alpha \leq \beta$라 정의한다. 정리 3.3.1 은 임의의 서수 α, β에 대하여

$$\alpha < \beta, \qquad \alpha = \beta, \qquad \alpha > \beta$$

중 하나가 반드시 성립함을 말해준다. 물론, 정렬집합의 절편이 자기 자신과 순서동형일 수 없으므로 위 세 가지 중 두 가지가 동시에 성립할 수는 없다. 여기에서 $\mathrm{ord}\,(A') = \alpha$, $\mathrm{ord}\,(B') = \beta$인 정렬집합을 잡아도 순서의 정의에는 변함이 없음을 쉽게 확인할 수 있다.

문제 3.3.6. 서수들 사이의 순서가 잘 정의되어 있음을 보여라.

다음 두 정리는 정렬집합 ω에 관한 귀납법이 임의의 정렬집합에 대하여 어떻게 확장되는지 보여준다.

정리 3.3.2. 정렬집합 A의 부분집합 B가 다음 성질

$$x \in A,\ S_x \subset B \implies x \in B$$

을 만족하면 $B = A$이다.

증명 만일 $A \setminus B$가 비어 있지 않으면 최소 원소 $a \in A \setminus B$를 가진다. 그러면 $S_a \subset B$이고 가정에 의하여 $a \in B$가 되어 모순이다. □

정리 3.3.3. 정렬집합에 관한 성질 P가 주어져 있다. 만일 임의의 정렬집합 X 가 다음

만일 X의 모든 절편이 P를 만족하면 X도 P를 만족한다

를 만족하면, 임의의 정렬집합이 성질 P를 만족한다.

증명 어떤 정렬집합 X가 성질 P를 만족하지 않는다고 가정하자. 그러면

$$Y = \{x \in X : S_x \text{ 가 } P \text{ 를 만족하지 않는다}\}$$

는 비어 있지 않고, 따라서 최소 원소 $a \in X$를 가진다. 그러면 S_a의 모든 절편은 성질 P를 만족하는데, 가정에 의하여 S_a도 성질 P를 만족하게 되므로 모순이다.   □

3.4   무한집합과 선택공리

이제부터 두 집합 X와 Y 사이에 전단사함수가 존재하면 X와 Y가 대등하다고 말하고, $X \approx Y$라 쓴다. 앞에서 공부한 1.2절의 보기 1.2.1과 보기 1.2.2는 자연수집합 $\mathbb{N}$, 정수집합 $\mathbb{Z}$, 유리수집합 $\mathbb{Q}$가 모두 대등함을 말한다. 또한, 같은 절의 보기 1.2.4는 두 선분 위에 있는 점들의 집합은 선분의 길이에 관계없이 항상 대등함을 말한다. 반면, 1.2절의 보기 1.2.6은 자연수집합 $\mathbb{N}$과 실직선 위의 구간 $[0,1]$이 대등하지 않음을 말한다. 이상에서 살펴본 집합들은 모두 다음 성질

$$\text{자기자신과 대등한 진부분집합이 존재한다} \tag{3.16}$$

를 만족한다. 예를 들어 자연수집합 $\mathbb{N}$은 짝수 전체의 집합과 대등하며, 실수 전체의 집합 $\mathbb{R}$은 구간 $(0,1)$과 대등하다. 이 절의 목적은 이러한 성질이 '무한집합'의 특성임을 보이는 것이다.

도움정리 3.4.1. 집합 X가 성질 (3.16)을 만족하고 X와 Y가 대등하면, 집합 Y도 성질 (3.16)을 만족한다.

증명 집합 X의 진부분집합 A 및 두 전단사함수 $f : X \to A$와 $g : X \to Y$를 잡자. 그러면 $g|_A : A \to g(A)$도 전단사함수이고, 따라서 $(g|_A) \circ f \circ g^{-1} : Y \to$

$g(A)$도 전단사함수이다. 만일 $x \in X \setminus A$이면 $g(x) \in Y \setminus g(A)$이므로 $g(A)$는 Y의 진부분집합이다. 따라서 Y의 진부분집합 $g(A)$는 Y와 대등하다. □

$$
\begin{array}{ccccc}
X & \xrightarrow{\quad f \quad} & A & \hookrightarrow & X \\
\downarrow{g} & & \downarrow{g|_A} & & \downarrow{g} \\
Y & \xrightarrow{(g|_A) \circ f \circ g^{-1}} & g(A) & \hookrightarrow & Y
\end{array}
$$

도움정리 3.4.2. 집합 X가 성질 (3.16)을 만족하고 $X \subset Y$이면, 집합 Y도 성질 (3.16)을 만족한다.

증명 집합 X의 진부분집합 A와 전단사함수 $f : X \to A$를 잡고, 함수 $g : Y \to Y$를

$$
g(y) = \begin{cases} y, & y \in Y \setminus X, \\ f(y), & y \in X \end{cases}
$$

라 정의하자. 그러면 g는 단사함수이고 그 상이 $A \sqcup (Y \setminus X)$이다. 그런데 A가 X의 진부분집합이므로 $A \sqcup (Y \setminus X)$는 $Y = X \sqcup (Y \setminus X)$의 진부분집합이다. 따라서 Y는 진부분집합 $A \sqcup (Y \setminus X)$와 대등하다. □

정리 3.4.3. 자연수 $n = \{0, 1, 2, \dots, n-1\}$의 부분집합 A가 n과 대등하면 $A = n$이다.

증명 이를 증명하기 위하여 다음 명제[10]

임의의 단사함수 $f : n \to n$ 가 전사이다

를 보이면 된다. 먼저, $n = 0$이면 자명하다. 이제, 수학적 귀납법을 이용하기 위하여 위 명제가 자연수 n에 대하여 성립한다고 가정하고, $f : n^+ \to n^+$가 단사함수라 하자. 먼저 함수 f를 $n^+ = n \sqcup \{n\}$의 부분집합 n에 제한하면 단사함수 $f|_n : n \to n^+$를 얻는다. 우선 $f(n) \subset n$인 경우를 생각하자. 그러면

---

10) 이를 보통 비둘기 집 원리라 하는데, 수학의 여러 분야에서 널리 쓰인다.

귀납법 가정에 의하여 $f(n) = n \subset n^+$이다. 따라서 $f(n) = n \in n^+$이고 f는 전사함수이다.

이제 $f(n) \nsubseteq n$인 경우를 생각하자. 그러면 $f(k) \notin n$인 $k \in n$이 존재한다. 그러면 $f(k) \in n^+ \setminus n$이므로 $f(k) = n \in n^+$이다. 이제 새로운 함수 $g : n^+ \to n^+$를 다음

$$g(k) = n \in n^+, \qquad g(n) = k \in n^+, \qquad g(x) = x, \quad x \in n \setminus \{k\}$$

과 같이 정의하자. 그러면 g는 $n^+ = \{n\} \sqcup \{k\} \sqcup (n \setminus \{k\})$에서 n과 k를 바꾸는 함수이므로 전단사함수이다. 이제 합성함수 $f \circ g : n^+ \to n^+$를 생각하면 $(f \circ g)(n) \subset n \subset n^+$이고 $(f \circ g)(n) = n \in n^+$이다. 따라서 $(f \circ g)|_n : n \to n$에 귀납법 가정을 적용하면 $(f \circ g)|_n$이 전단사함수임을 알 수 있다. 따라서 $f \circ g$는 전단사함수이고, $f = (f \circ g) \circ g^{-1}$도 전단사함수이다. □

위 증명에 나오는 함수 $f \circ g : n^+ \to n^+$의 개념을 그림으로 그려 보면 다음

$$
\begin{array}{ccccc}
k & \mapsto & \{n\} & \mapsto & f(\{n\}) \in n \subset n^+ \\
n \setminus \{k\} & \hookrightarrow & n \setminus \{k\} & \to & n \setminus f(\{n\}) \subset n \subset n^+ \\
n & \mapsto & k & \mapsto & n \in n^+
\end{array}
$$

과 같다.

집합 X와 대등한 자연수 n이 존재하면 X를 **유한집합**이라 한다. 정리 3.4.3은 어떤 자연수 n도 성질 (3.16)을 만족하지 않음을 말한다. 따라서 도움정리 3.4.1을 적용하면 임의의 유한집합은 성질 (3.16)을 만족하지 않는다. 이제 그 역을 증명하려 한다. 즉, 유한집합이 아니면 성질 (3.16)이 만족됨을 보이려 한다. 도움정리 3.4.2를 염두에 두면, 이미 자연수집합 $\mathbb{N}$이 성질 (3.16)을 만족한다는 것을 알고 있으므로, 다음을 증명하면 된다.

도움정리 3.4.4. 집합 X가 유한집합이 아니면, 자연수집합 $\mathbb{N}$과 대등한 X의 부분집합이 존재한다.

도움정리 3.4.4의 증명은 선택공리를 사용하여 증명하는데 잠시 뒤로 미루고, 이 절의 결론을 적어보자. 다음 정리의 동치조건을 만족하는 집합을 **무한집합**이라 한다.

정리 3.4.5. 집합 X에 대하여 다음은 동치이다.

(무1) 집합 X가 유한집합이 아니다. 즉, 임의의 자연수 $n \in \mathbb{N}$에 대하여 X는 n과 대등하지 않다.

(무2) 집합 X와 대등한 X의 진부분집합 A가 존재한다.

이제 도움정리 3.4.4를 증명하는데, 선택공리를 사용하기 위하여 집합 X의 선택함수 $h : 2^X \setminus \{\varnothing\} \to X$를 택하고, X의 모든 유한 부분집합들의 모임 $\mathcal{F}(X)$에 대하여 정리 2.1.2를 적용한다. 이제 X는 유한집합이 아니므로 임의의 $A \in \mathcal{F}(X)$에 대하여 $X \setminus A \neq \varnothing$이고, 따라서 $h(X \setminus A) \in X \setminus A$이다. 이제, 함수 $F : \mathcal{F}(X) \to \mathcal{F}(X)$를 다음

$$F(A) = A \sqcup \{h(X \setminus A)\}, \qquad A \in \mathcal{F}(X)$$

과 같이 정의한다. 그러면 정리 2.1.2에 의하여 다음

$$\gamma(0) = \varnothing, \qquad \gamma(n^+) = F(\gamma(n)), \quad n \in \mathbb{N}$$

을 만족하는 함수 $\gamma : \mathbb{N} \to \mathcal{F}(X)$가 존재한다. 이제, 임의의 $n \in \mathbb{N}$에 대하여 $\gamma(n)$은 X의 유한부분집합이므로 $X \setminus \gamma(n) \neq \varnothing$이고, 따라서 함수 $\delta : \mathbb{N} \to X$를 다음

$$\delta(n) = h(X \setminus \gamma(n)), \qquad n \in \mathbb{N}$$

과 같이 정의할 수 있다. 이제, 각 $n \in \mathbb{N}$에 대하여

$$\gamma(n^+) = F(\gamma(n)) = \gamma(n) \sqcup \{h(X \setminus \gamma(n))\} = \gamma(n) \sqcup \{\delta(n)\}$$

이므로, $\gamma(n^+)$는 $\gamma(n) \subset X$에 $\delta(n)$이라는 X의 원소를 하나 더 첨가한 것이다. 이제 $\delta : \mathbb{N} \to X$가 단사함수임을 보이기 위하여 $n < m$이라 두자. 그러면 $n^+ \leq m$이므로 $\delta(n) \in \gamma(n^+) \subset \gamma(m)$인데

$$\delta(m) = h(X \setminus \gamma(m)) \in X \setminus \gamma(m)$$

이 되어 $\delta(n) \neq \delta(m)$임을 알 수 있다. 따라서 함수 $\delta : \mathbb{N} \to X$의 상 $\delta(\mathbb{N})$은 X의 부분집합이고 $\mathbb{N}$과 대등하다.

지금까지의 논증은 다음과 같이 말로 쉽게 풀어서 쓸 수 있다. 먼저, 임의의 원소 $x_1 \in X$를 잡는다. 그러면 X의 원소가 한 개보다는 많으므로 $X \setminus \{x_1\} \neq \varnothing$

이고, 따라서 $x_2 \in X \setminus \{x_1\}$를 택할 수 있다. 다시 $X = \{x_1, x_2\}$이면 X가 유한집합이 아니므로 $X \setminus \{x_1, x_2\} \neq \varnothing$이고 $x_3 \in X \setminus \{x_1, x_2\}$를 택할 수 있다. 이제, 귀납적으로 $x_1, x_2, \ldots$ 를 택하자. 만일 $x_1, x_2, \ldots, x_n \in X$를 택했다면

$$X \setminus \{x_1, \ldots, x_n\} \neq \varnothing$$

이다. 왜냐하면, 만일 $X \setminus \{x_1, \ldots, x_n\} = \varnothing$이면 $X = \{x_1, \ldots, x_n\}$은 유한집합이 되기 때문이다. 따라서

$$x_{n+1} \in X \setminus \{x_1, \ldots, x_n\}$$

을 택할 수 있다. 이와 같은 방법으로 계속하여 $x_1, x_2, \ldots$ 를 택하면

$$A = \{x_n : n = 1, 2, \ldots\}$$

는 X의 부분집합이고 $\mathbb{N}$과 대등하다. 실제로, 원래 증명에서 $\delta(n)$은 $X \setminus \gamma(n)$에서 하나를 선택한 것인데, 이렇게 계속되는 선택이 존재한다는 것이 바로 선택공리가 주장하는 것이다.

무한집합에서는 유한집합과 다른 현상이 많이 나타나는데, 그 대표적인 예가

$$\mathbb{N} \times \mathbb{N} \approx \mathbb{N} \tag{3.17}$$

이다. 먼저 자연수들을 다음

$$
\begin{array}{ccccccc}
0 & 2 & 5 & 9 & 14 & \cdots & \to & m \\
1 & 4 & 8 & 13 & & & \\
3 & 7 & 12 & & & & \\
6 & 11 & & & & & \\
10 & & & & & & \\
\vdots & & & & & & \\
\downarrow & & & & & & \\
n & & & & & &
\end{array}
$$

과 같이 늘어놓으면 (3.17)임이 자명하다. 보다 구체적으로 쓰자면, 함수 $f : \mathbb{N} \times \mathbb{N} \to \mathbb{N}$을 다음

$$
\begin{aligned}
f(m, n) &= [1 + 2 + \cdots + n] + [(n+2) + (n+3) + \cdots + (n+m+1)] \\
&= [1 + 2 + 3 + \cdots + (m+n)] + m \\
&= \frac{1}{2}[(m+n)^2 + 3m + n]
\end{aligned}
$$

과 같이 정의하면 이는 전단사 함수가 된다. 역함수를 정의하기 위하여 각 $k \in \mathbb{N}$에 대하여

$$\frac{1}{2}\ell(\ell+1) \leq k < \frac{1}{2}(\ell+1)(\ell+2)$$

인 유일한 자연수 $\ell \in \mathbb{N}$을 잡고

$$g(k) = \left(k - \frac{1}{2}\ell(\ell+1), \ell - \left[k - \frac{1}{2}\ell(\ell+1) \right] \right)$$

라 정의한다.

문제 3.4.1. 위에서 정의한 함수 $f : \mathbb{N} \times \mathbb{N} \to \mathbb{N}$와 $g : \mathbb{N} \to \mathbb{N} \times \mathbb{N}$이 서로 역함수관계임을 보여라.

3.5 기수의 연산과 순서

지난 3.4절에서 임의의 유한집합 X는 딱 하나의 자연수 n과 대등함을 알았다. 이때, $\mathrm{card}\,(X) = n$이라 쓴다. 임의의 집합 A에 다음 성질

$$A_1 \approx A_2 \iff \mathrm{card}\,(A_1) = \mathrm{card}\,(A_2) \tag{3.18}$$

이 성립하도록 $\mathrm{card}\,(A)$를 대응시킬 때 $\mathrm{card}\,(X)$를 X의 **기수**라 부른다.[11]

먼저 기수들 사이의 연산을 정의하자. 먼저, 기수 a, b에 대하여 $\mathrm{card}\,(A) = a$, $\mathrm{card}\,(B) = b$이고 서로소인 집합 A, B를 잡고

$$a + b = \mathrm{card}\,(A \sqcup B)$$

라 정의한다. 우선 이 연산이 잘 정의되어 있음을 보이자. 이를 보이기 위하여

$$A \approx C,\ B \approx D \implies A \sqcup B \approx C \sqcup D$$

를 보여야 한다. 만일 $g : A \to C$, $h : B \to D$가 전단사함수라면 (3.14)에 의하여 정의된 $g \sqcup h : A \sqcup B \to C \sqcup D$도 전단사함수이므로, $a + b$가 잘 정의되어

---

11) 기수가 '무엇'인가 하는 정의는 3.6절에서 한다.

있음을 알 수 있다. 그러면 $A \sqcup B = B \sqcup A$이므로

$$a + b = b + a$$

이다. 또한 합집합의 결합법칙으로부터

$$(a + b) + c = a + (b + c)$$

가 성립한다. 두 기수 a, b의 곱하기 ab도 $\operatorname{card}(A) = a$, $\operatorname{card}(B) = b$인 집합 A, B를 잡은 후,

$$ab = \operatorname{card}(A \times B)$$

라 정의한다.

문제 3.5.1.   기수의 곱하기가 잘 정의되어 있음을 보여라. 또한, 곱하기에 관한 교환법칙, 결합법칙 및 배분법칙이 성립함을 보여라.

끝으로 두 기수 a, b에 대하여 a^b를 정의하자. 위와 마찬가지로 $\operatorname{card}(A) = a$, $\operatorname{card}(B) = b$인 집합 A, B를 잡은 후,

$$a^b = \operatorname{card}(A^B)$$

로 정의한다. 잘 정의되어 있음을 보이기 위하여 $g : A \to C$, $h : B \to D$가 전단사함수라 하자. 이제, 함수 $f_1 : A^B \to C^D$ 및 $f_2 : C^D \to A^B$를 다음

$$f_1(\alpha) = g \circ \alpha \circ h^{-1}, \qquad \alpha \in A^B,$$
$$f_2(\beta) = g^{-1} \circ \beta \circ h, \qquad \beta \in C^D$$

과 같이 정의한다. 그러면

$$f_1(f_2(\beta)) = g \circ (g^{-1} \circ \beta \circ h) \circ h^{-1} = \beta$$

이다. 마찬가지로 $f_2(f_1(\alpha)) = \alpha$이므로 f_1과 f_2는 서로 역함수관계가 되어 $A^B \approx C^D$임을 알 수 있다.

이제 다음에 열거하는 공식

$$a^{b+c} = a^b a^c, \qquad (ab)^c = a^c b^c, \qquad (a^b)^c = a^{bc}$$

들을 증명해보자. 이를 위하여

$$a = \operatorname{card}(A), \qquad b = \operatorname{card}(B), \qquad c = \operatorname{card}(C)$$

인 집합 A, B, C(단, $B \cap C = \varnothing$)를 잡고

$$A^{B \sqcup C} \approx A^B \times A^C, \qquad (A \times B)^C \approx A^C \times B^C, \qquad (A^B)^C \approx A^{B \times C}$$

를 보이자. 먼저, 첫째 식은 $f \mapsto (f|_B, f|_C)$ 및 $(g, h) \mapsto g \sqcup h$가 서로 역함수관계이므로 증명된다. 두 번째 식을 보이기 위하여 $\pi_A : A \times B \to A$와 $\pi_B : A \times B \to B$를 각각 사영이라 하면

$$f \mapsto (\pi_A \circ f, \pi_B \circ f) : (A \times B)^C \to A^C \times B^C \qquad (3.19)$$

는 전단사함수가 된다. 마지막으로, 두 함수 $\Phi : (A^B)^C \to A^{B \times C}$와 $\Psi : A^{B \times C} \to (A^B)^C$를 다음

$$\Phi(f)(b, c) = (f(c))(b), \quad [\Psi(g)(c)](b) = g(b, c), \qquad b \in B, \ c \in C$$

과 같이 정의하면 서로 역함수관계가 된다.

문제 3.5.2. (3.19)에서 정의된 함수의 역함수를 찾아라. 또한, Φ과 Ψ가 서로 역함수관계임을 보여라.

이제, 기수들 사이에 순서를 정의할 차례이다. 집합 A와 B 사이에 단사함수 $f : A \to B$가 존재하면 $A \preccurlyeq B$라 정의하자. 따름정리 1.2.5에 의하면, 이는 전사함수 $g : B \to A$가 존재한다는 것과 마찬가지이다. 먼저 임의의 집합 A에 대하여 $A \preccurlyeq A$임은 당연하다. 그리고, 단사함수의 합성이 단사함수이므로 $A \preccurlyeq B$, $B \preccurlyeq C$이면 $A \preccurlyeq C$임도 자명하다. 임의의 집합 A, B가 주어졌을 때, 두 집합에 정리 3.1.4를 적용하여 정렬순서를 부여하자. 그러면 정리 3.3.1에 의하여 $A \approx B$이거나, 아니면 적절한 $a \in A$, $b \in B$에 대하여 $A \approx S_b \subset B$ 혹은 $B \approx S_a \subset A$가 성립함을 알 수 있다.

정리 3.5.1. 임의의 집합 A, B에 대하여 $A \preccurlyeq B$ 혹은 $B \preccurlyeq A$가 성립한다.

다음 정리는 기수의 연산에서 핵심적인 역할을 한다.

정리 3.5.2 (베른슈타인[12]). 만일 $A \preccurlyeq B$이고 $B \preccurlyeq A$이면 $A \approx B$이다.

---

12) Felix Bernstein (1878~1956), 독일 수학자. 괴팅겐에서 공부하고 활동하였는데, 2차 대전 중에는 미국에서 활동하였다.

증명 먼저 $f : A \to B$와 $g : B \to A$가 단사함수라 하고, 정리 2.1.2를 이용하여 A의 부분집합 C_n과 B의 부분집합 D_n을 다음

$$C_0 = A \setminus g(B), \quad D_0 = f(C_0),$$
$$C_{n+1} = g(D_n), \quad D_n = f(C_n), \qquad n = 0, 1, 2, \ldots$$

과 같이 정의한다. 이제, $C = \bigcup_{n=0}^{\infty} C_n \subset A$라 하고, 함수 $h : A \to B$를 다음

$$h(x) = \begin{cases} f(x), & x \in C, \\ g^{-1}(x), & x \in A \setminus C \end{cases}$$

과 같이 정의한다. 만일 $x \in A \setminus C$이면 $x \in A \setminus C_0 = g(B)$이므로 $g^{-1}(x) \in B$가 잘 정의된다.

먼저, h가 단사함수임을 보이기 위하여 $x_1, x_2 \in A$이고, $x_1 \neq x_2$라 하자. 만일 x_1, x_2가 동시에 C에 들어가거나 동시에 $A \setminus C$에 들어가면 당연히 $h(x_1) \neq h(x_2)$이다. 이제 $x_1 \in C$, $x_2 \in A \setminus C$라 하자. 그러면 적절한 $n = 0, 1, 2, \ldots$ 에 대하여 $x_1 \in C_n$이고, 따라서 $h(x_1) = f(x_1) \in D_n$이다. 만일 $h(x_2) = g^{-1}(x_2) \in D_n$이면 $x_2 \in g(D_n) \subset C$ 이므로 $h(x_2) \notin D_n$이다. 따라서 $h(x_1) \neq h(x_2)$임을 알 수 있다.

이제 h가 전사함수임을 보이기 위하여 $D = \bigcup_{n=0}^{\infty} D_n$이라 두자. 우선 $h(C) = D$이므로 $D \subset h(A)$이다. 끝으로 $B \setminus D \subset h(A)$임을 보이기 위하여 $y \in B \setminus D$라 하자. 이 경우, $g(y) \notin C_0$임은 당연하다. 또한, 각 $n = 0, 1, 2, \ldots$ 에 대하여 $y \notin D_n$이고 $C_{n+1} = g(D_n)$인데 g가 단사이므로 $g(y) \notin C_{n+1}$이다. 결국 $g(y) \notin C$이므로 h의 정의에 의하여 $y = g^{-1}(g(y)) = h(g(y)) \in h(A)$이다. □

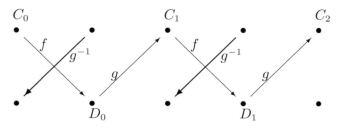

문제 3.5.3. 만일 $A = B = \mathbb{N}$이고 $f(n) = n+1$, $g(n) = n+2$인 경우, 정리 3.5.2의 증명에서 정의된 함수 $h : \mathbb{N} \to \mathbb{N}$가 어떤 함수인지 살펴보아라.

정리 3.5.2는 다음과 같이 증명할 수도 있다. 먼저 $f : A \to B$와 $g : B \to A$가 단사함수라 하고, 각 $C \in 2^A$에 대하여

$$\Gamma(C) = A \setminus g(B \setminus f(C)) \in 2^A, \qquad C \in 2^A$$

라 정의하자. 만일 $C \subset D$이면 $f(C) \subset f(D)$이므로

$$C \subset D \implies \Gamma(C) \subset \Gamma(D) \tag{3.20}$$

임은 바로 확인된다. 이제,

$$E = \bigcup \{C \in 2^A : C \subset \Gamma(C)\} \in 2^A$$

라 두자. 그러면 $E = \Gamma(E)$가 성립한다. 실제로, $a \in E$이면 $a \in C \subset \Gamma(C)$인데 (3.20)에 의하여 $\Gamma(C) \subset \Gamma(E)$이므로 $a \in \Gamma(E)$이다. 따라서 $E \subset \Gamma(E)$가 성립하고 다시 (3.20)에 의하여 $\Gamma(E) \subset \Gamma(\Gamma(E))$인데, 집합 E의 정의에 의하면 $\Gamma(E) \subset E$를 얻는다. 따라서 $E = \Gamma(E)$인데, 이를 다시 쓰면 $A \setminus E = g(B \setminus f(E))$이다. 그런데 f, g가 모두 단사함수이므로

$$A = E \sqcup (A \setminus E) \approx f(E) \sqcup (B \setminus f(E)) = B$$

를 얻는다.

이제 두 기수 a, b에 대하여 $a = \operatorname{card}(A)$와 $b = \operatorname{card}(B)$인 집합 A, B를 잡고 $A \preccurlyeq B$이면 $a \le b$라 정의하자. 이제, 이 정의가 잘 정의되어 있고, 순서관계가 됨은 분명하다. 기수들의 순서관계는 자연수의 순서관계와 유사한 성질을 가진다. 예를 들어,

$$a \le b \iff b = a + c \text{ 인 기수 } c \text{ 가 존재한다}$$

등이 성립한다. 이를 보이기 위하여 먼저 $a = \operatorname{card}(A)$, $b = \operatorname{card}(B)$인 집합 A, B를 잡자. 만일 $a \le b$이면 단사함수 $f : A \to B$가 존재한다. 이때 $c = \operatorname{card}[B \setminus f(A)]$라 두면 $b = a + c$가 성립한다. 역으로 $c = \operatorname{card}(C)$인 집합 C가 존재하고 $f : A \sqcup C \to B$가 전단사함수이면 $f|_A : A \to B$는 단사함수이고, 따라서 $a \le b$이다.

문제 3.5.4. 기수 a, b, c, d에 대하여 $0 < a \le c$이고 $b \le d$이면 다음

$$a + b \le c + d, \qquad ab \le cd, \qquad a^b \le c^d$$

이 성립함을 보여라.

이제 무한집합들의 기수에 대하여 알아보자. 만일 X가 무한집합이면, 도움 정리 3.4.4에 의하여 단사함수 $f : \mathbb{N} \to X$가 존재한다. 따라서 임의의 무한집합 X에 대하여 $\operatorname{card}(\mathbb{N}) \leq \operatorname{card}(X)$이다. 앞으로 $\operatorname{card}(\mathbb{N})$을 $\aleph_0$라 쓴다. 이미 $\mathbb{N} \approx \mathbb{Z} \approx \mathbb{Q}$임을 알고 있으므로

$$\operatorname{card}(\mathbb{N}) = \operatorname{card}(\mathbb{Z}) = \operatorname{card}(\mathbb{Q}) = \aleph_0$$

이다. 그러나 1.2절의 보기 1.2.6에서 보듯이 단사함수 $f : \mathbb{N} \to \mathbb{R}$은 존재하지만 $\mathbb{R}$에서 $\mathbb{N}$으로 가는 단사함수는 존재하지 않으므로

$$\operatorname{card}(\mathbb{R}) \gneqq \aleph_0$$

이다. 새로운 무한기수 $\operatorname{card}(\mathbb{R})$은 $\mathfrak{c}$로 표기한다. 집합 X의 기수가 $\aleph_0$ 보다 작거나 같을 때, 즉 $\operatorname{card}(X) \leq \aleph_0$일 때 X를 **셀 수 있는 집합**이라 부르고, 그렇지 않으면 **셀 수 없는 집합**이라 부른다.

또 다른 무한 기수의 예를 들기 앞서, 무한 기수의 독특한 연산법칙을 알아보자. 우선 (3.17)에 의하여

$$\aleph_0 \aleph_0 = \aleph_0$$

인데, 이는 무한 기수의 특성이다.

정리 3.5.3. 임의의 무한 기수 a에 대하여 $aa = a$이다.

증명 먼저 $\operatorname{card}(A) = a$인 무한집합 A를 잡으면, 도움정리 3.4.4에 의하여 $D \approx \mathbb{N}$인 부분집합 $D \subset A$가 존재한다. 그런데 (3.17)에 의하여 $D \approx D \times D$가 되어 전단사함수 $f : D \to D \times D$가 존재한다. 이제, 다음 조건

$$D \subset B \subset A, \qquad g|_D = f, \qquad g : B \to B \times B \text{ 는 전단사함수}$$

를 만족하는 순서쌍 (B, g)들 전체의 모임 $\mathcal{B}$를 생각하자. 이제,

$$(B_1, g_1) \leq (B_2, g_2) \iff B_1 \subset B_2,\ g_2|_{B_1} = g_1$$

와 같이 정의하면, $\mathcal{B}$는 이에 의하여 순서집합이 되고, 정리 3.1.1의 전제 조건이 성립함을 바로 확인할 수 있다. 따라서 극대 원소 (C, h)가 존재한다. 이제 $\operatorname{card}(C) = c$라 두고 $c = a$임을 보이면 증명이 끝난다.

이를 위하여, $c < a$라 가정하고, $b = \text{card}\,(A \setminus C)$라 하자. 그러면,

$$c = 0 + c \leq c + c = 1c + 1c = 2c \leq cc = c$$

이므로 $c + c = c$이다. 만일 $b \leq c$이면 $a = b + c \leq c + c = c$가 가정에 어긋나므로, 정리 3.5.1에 의하여 $c < b$가 성립해야 한다. 따라서 $C \approx E$인 $E \subset A \setminus C$가 존재한다. 이제

$$(C \sqcup E) \times (C \sqcup E) = (C \times C) \sqcup (C \times E) \sqcup (E \times C) \sqcup (E \times E)$$

인데, 오른쪽에 나오는 집합의 기수는 모두 c이므로,

$$\text{card}\,[(C \times E) \sqcup (E \times C) \sqcup (E \times E)] = (c + c) + c = c + c = c$$

이다. 따라서 전단사함수

$$k : E \to (C \times E) \sqcup (E \times C) \sqcup (E \times E)$$

를 잡을 수 있다. 한편 전단사함수 $h : C \to C \times C$와 같이 생각하면

$$h \sqcup k : C \sqcup E \to (C \sqcup E) \times (C \sqcup E)$$

가 전단사함수임을 알 수 있다. 그러면 $(C \sqcup E, h \sqcup k) > (C, h)$인데, 이는 (C, h)가 극대 원소라는 데에 모순이다. □

문제 3.5.5. 정리 3.5.3의 증명과정에 나오는 순서집합 $\mathcal{B}$가 정리 3.1.1의 전제 조건을 만족함을 보여라.

이 정리를 이용하여 여러 가지 공식을 얻을 수 있다. 예들 들면 무한 기수 a, b에 대하여

$$a \leq b \implies a + b = ab = b, \; a^b = 2^b$$

등이 성립한다. 먼저, $1 \leq a$에서 $b = 1b \leq ab \leq bb = b$이므로 $ab = b$가 성립하는데, $a \geq 1$이기만 하면 마찬가지이다. 또한,

$$b = 0 + b \leq a + b \leq b + b = 2b \leq bb = b$$

이므로 $a + b = b$인데 a는 어떤 기수라도 상관없다. 끝으로, $a \leq 2^a$이므로 $a^b \leq (2^a)^b = 2^{ab} = 2^b$이고, $2 \leq a$이므로 $2^b \leq a^b$이다. 이 논증 과정에서 $a \leq 2^a$를 사용하였는데, 이는 1.2절의 보기 1.2.5를 적용하면 $x \mapsto \{x\} : X \mapsto 2^X$를 사용하면 된다.

이제 임의의 기수 a에 대하여

$$a \lneq 2^a \tag{3.21}$$

임을 보이자. 이는 임의의 집합 X에 대하여 임의의 함수 $f : X \to 2^X$는 전사함수가 될 수 없다는 것인데, 그 증명은 1.2절의 보기 1.2.6과 그 증명이 비슷하다. 함수 $f : X \to 2^X$에 대하여

$$A = \{x \in X : x \notin f(x)\}$$

라 두자. 만일 함수 $f : X \to 2^X$가 전사라면 $f(x_0) = A$인 $x_0 \in X$가 존재한다. 이제, $x_0 \in A$인가 아닌가 살펴보자. 만일 $x_0 \in A$이면 A의 정의에 의하여 $x_0 \notin f(x_0)$인데, $f(x_0) = A$이므로 $x_0 \notin A$이다. 또한, 만일 $x_0 \notin A$이면 마찬가지로 $x_0 \in f(x_0) = A$이다. 어느 경우나 모순이므로 $f(x_0) = A$를 만족하는 $x_0 \in X$는 존재하지 않음을 알 수 있고, 따라서 어떤 함수 $f : X \to 2^X$도 전사함수가 될 수 없다. 부등식 (3.21)은 계속 더 큰 기수를 찾아 나갈 수 있는 근거가 된다.

문제 3.5.6. $2^{\aleph_0} = \mathfrak{c}$임을 보여라.

문제 3.5.7. 다음 집합들의 기수를 구하여라.

(가) 집합 $\mathbb{N}$의 유한부분집합 전체의 집합
(나) 집합 $\mathbb{N}$의 무한부분집합 전체의 집합
(다) 집합 $\mathbb{N}$ 사이에 정의된 순증가함수 전체의 집합
(라) 집합 $\mathbb{N}$ 사이에 정의된 전단사함수 전체의 집합
(마) 집합 $\mathbb{N}$ 사이에 정의된 함수 전체의 집합

문제 3.5.8. 다음 집합들의 기수를 구하여라.

(가) 집합 $\mathbb{R}$ 사이에 정의된 일차함수 전체의 집합
(나) 집합 $\mathbb{R}$ 사이에 정의된 다항식함수 전체의 집합
(다) 집합 $\mathbb{R}$ 사이에 정의된 해석함수 전체의 집합
(라) 집합 $\mathbb{R}$ 사이에 정의된 연속함수 전체의 집합
(마) 집합 $\mathbb{R}$ 사이에 정의된 함수 전체의 집합

3.6   서수와 기수의 정의

절편 S_x 의 정의 (3.6)을 기억하자. 지난 3.3절의 보기 3.3.1에서 살펴본 바와 같이, 각 자연수 $m \in \omega$ 에 대하여

$$S_m = \{0, 1, 2, \ldots, m-1\} = m$$

이 성립한다. 이와 같이 정렬집합 α가 다음 성질

$$\xi \in \alpha \implies S_\xi = \xi \tag{3.22}$$

을 만족할 때, 이를 **서수**라 부른다. 예를 들어, 자연수 전체의 정렬집합 ω는 서수이다. 물론 각 자연수 $n \in \omega$ 역시 서수이다. 먼저, 서수 α의 원소는 α의 부분집합이다. 실제로, $\beta \in \alpha$이면 $\beta = S_\beta \subset \alpha$이다. 정렬집합 A에 대하여

$$A^+ = A \cup \{A\}$$

에 자연스레 순서가 정의된다. 즉 임의의 $a \in A$ 에 대하여 $a \le A$로 정의한다.

문제 3.6.1. 서수 α에 대하여 다음을 증명하여라.

(가) α^+ 도 서수이고, $\alpha^+ = \alpha + 1$이다.

(나) 만일 $\beta \in \alpha$이면 β와 S_β도 서수이다.

도움정리 3.6.1. 서수 α, β가 $\alpha \cong \beta$를 만족하면 $\alpha = \beta$ 이다.

증명 함수 $f : \alpha \to \beta$ 가 순서동형을 정의한다 하고, 임의의 $\xi \in \alpha$에 대하여 $f(\xi) = \xi$임을 보이면 된다. 이를 위하여

$$X = \{\xi \in \alpha : f(\xi) = \xi\}$$

라 두고, $S_\xi \subset X$ 를 가정하자. 즉,

$$\eta < \xi \implies f(\eta) = \eta$$

임을 가정하자. 만일 $\eta \in \xi = S_\xi$이면 $\eta < \xi$이고 $f(\eta) < f(\xi)$인데, 가정에 의하여 $\eta = f(\eta) < f(\xi)$, 즉 $\eta \in S_{f(\xi)} = f(\xi)$이다. 역으로, $f(\eta) \in f(\xi)$이면

$f(\eta) \in \xi$ 역시 마찬가지로 증명되므로 $\xi = f(\xi)$, 즉 $\xi \in X$ 이다. 따라서 정리 3.3.2에 의하여 $X = \alpha$임을 알 수 있다. ☐

지난 3.3절에서, 서수 α가 서수 β의 절편과 순서동형이면 $\alpha < \beta$라 정의하고, $\alpha < \beta$이거나 $\alpha = \beta$인 경우 $\alpha \leq \beta$라 정의하였음을 기억하자.

도움정리 3.6.2. 서수 α, β에 대하여 다음

$$\alpha < \beta \iff \alpha \in \beta \iff \alpha \subsetneq \beta$$

이 성립한다.

증명 만일 $\alpha < \beta$이면 적절한 $\gamma \in \beta$에 대하여 $\alpha \cong S_\gamma$이다. 그런데 α와 S_γ가 서수이므로 도움정리 3.6.1에 의하여 $\alpha = S_\gamma = \gamma \in \beta$이다. 만일 $\alpha \in \beta$이면, 이미 살펴본 바와 같이 $\alpha = S_\alpha \subsetneq \beta$이다. 이제, $\alpha \subsetneq \beta$라 가정하자. 만일 적절한 $\gamma \in \alpha$에 대하여 $\beta \cong S_\gamma$이면 방금 논증한 바와 같이 $\beta = S_\gamma = \gamma \subset \alpha$가 되므로 모순이다. 따라서 정리 3.3.1에 의하여 α는 β의 절편과 순서 동형이고, 따라서 $\alpha < \beta$이다. ☐

이 절의 첫째 목표는 임의의 정렬집합 A에 대하여 $A \cong \alpha$인 서수 α가 유일하게 존재함을 보이는 것이다.

정리 3.6.3. 임의의 정렬집합 A에 대하여 $A \cong \alpha$인 서수 α가 유일하게 존재한다.

증명 유일성은 도움정리 3.6.1에서 나온다. 먼저 임의의 $a \in A$에 대하여 S_a는 어떤 서수와 순서동형이라 가정하자. 이 서수를 $\alpha(a)$라 쓰고

$$S = \{\alpha(a) : a \in A\}$$

라 두자. 만일 S가 서수이고 $S \cong A$임을 보이면 정리 3.3.3에 의하여 증명이 끝난다. 이제, $a < b \implies \alpha(a) < \alpha(b)$임을 보이자. 순서동형 $f : S_b \to \alpha(b)$가 주어지면 $\alpha(a) \cong S_a \cong S_{f(a)}$인데 $S_{f(a)}$는 서수 $\alpha(b)$의 절편이므로 서수이다. 따라서, $\alpha(a) = S_{f(a)} \subsetneq \alpha(b)$이고 $\alpha(a) < \alpha(b)$임을 알 수 있다. 그러므로, $\alpha : A \to S$

는 순서동형이다. 끝으로, 임의의 $a \in$ 에 대하여 $\alpha(b) \in \alpha(a) \Longleftrightarrow \alpha(a) < \alpha(b)$ 이므로 $\alpha(a) = S_{\alpha(a)}$가 되어 S가 서수임을 알 수 있다.   □

문제 3.6.2. 성질 (3.13)을 증명하여라.

이제, 기수를 정의하려 하는데, 임의의 집합을 정렬집합으로 간주할 수 있으므로 서로 대등한 서수들 중에서 어느 하나를 기수라 정하면 조건 (3.18)을 만족하게 될 것이다. 이를 위하여 다음을 먼저 보이자.

정리 3.6.4. 비어 있지 않은 임의의 서수들의 집합 E는 최소원소를 가진다.

증명 집합 E의 원소 α를 잡자. 만일 임의의 $\beta \in E$에 대하여 $\alpha \leq \beta$이면 더 이상 증명할 것이 없다. 만일 그렇지 않다면, $\beta < \alpha$인 $\beta \in E$를 잡을 수 있다. 그러면 $\beta \in \alpha$이므로 $\alpha \cap E \neq \varnothing$이고, 이는 정렬집합 α의 부분집합이므로 최소 원소 γ를 가진다. 이제 $\delta \in E$라 하자. 만일 $\alpha \leq \delta$이면 $\gamma < \alpha \leq \delta$이고, 만일 $\alpha > \delta$이면 $\delta \in \alpha \cap E$이므로 $\gamma \leq \delta$이다. 어느 경우라도 $\gamma \leq \delta$가 성립하고, 따라서 γ가 E의 최소 원소이다.   □

이제, 임의의 집합 X가 주어지면 X와 동등한 서수 전체의 집합

$$\{\xi : \xi \approx X, \ \xi \preccurlyeq 2^X\}$$

을 생각하고, 이 집합의 최소 원소를 $\mathrm{card}\,(X)$, 즉 X의 **기수**라 정의한다. 따라서 서수 α가 적절한 집합 X에 대하여 $\alpha = \mathrm{card}\,(X)$이면 다음

$$\beta \leq \alpha, \ \beta \approx \alpha \implies \beta = \alpha \tag{3.23}$$

이 성립한다. 즉, 기수 α는 다음 성질

$$\alpha \text{ 보다 작은 서수는 } \alpha \text{ 와 동등하지 않다}$$

을 만족하는데, 이러한 서수를 **시작서수**라 부른다. 즉, 임의의 기수는 시작서수이다. 역으로, α가 시작서수이면 $\alpha = \mathrm{card}\,(\alpha)$가 되므로, 임의의 시작서수는 기수이다.

문제 3.6.3. 성질 (3.18)이 성립함을 보여라.

문제 3.6.4. 임의의 서수 α, β에 대하여 다음

$$\mathrm{card}\,(\alpha + \beta) = \mathrm{card}\,\alpha + \mathrm{card}\,\beta, \qquad \mathrm{card}\,(\alpha\beta) = (\mathrm{card}\,\alpha)(\mathrm{card}\,\beta)$$

이 성립함을 보여라. 물론, 좌변의 연산은 서수 연산이고, 우변의 연산은 기수의
연산이다.

문제 3.6.5. 만일 $\mathrm{card}\,(\alpha) < \mathrm{card}\,(\beta)$이면, 즉 $\alpha \precsim \beta$이면 $\alpha < \beta$임을 보여라.

이제, 서수들을 나열해보자. 이를 위하여 다음을 먼저 보인다.

정리 3.6.5. 임의의 서수들의 집합 C는 최소상계 $\sup C$를 가진다.

증명 먼저 정리 3.6.4에 의하여 집합

$$\alpha = \bigcup \{\xi : \xi \in C\}$$

는 정렬집합이다. 또한 $\xi \in \alpha$의 절편을 α 안에서 취하나 ξ 자신 안에서 취하나
마찬가지이므로 α는 서수이다. 이제 $\alpha = \sup C$임을 보이자. 우선, 임의의
$\xi \in C$에 대하여 $\xi \in \alpha$이므로 $\xi \leq \alpha$이다. 만일 β가 또다른 C의 상계이면
임의의 $\xi \in C$에 대하여 $\xi \subset \beta$이고, 따라서 $\alpha \subset \beta$, 즉 $\alpha \leq \beta$이다.   □

먼저, 자연수

$$0, 1, 2, 3, \ldots$$

는 서수이다. 이들을 **유한 서수**라 부르고, 그렇지 않은 서수들을 **초유한 서수**라
부른다. 초유한 서수 중 최소의 서수는 ω이다. 특히, ω는 $\omega = \alpha^+$인 서수 α를
가지지 않는데, 이러한 서수를 **극한 서수**라 부른다. 임의의 서수 α, β에 대하여
α^β를 정의하는데, β가 극한서수이면

$$\alpha^\beta = \sup \{\alpha^\gamma : \gamma < \beta\}$$

라 정의한다. 만일 $\beta = \gamma + 1$이면 물론 $\alpha^\beta = \alpha^\gamma \alpha$로 정의한다. 초유한 서수들은
다음과 같이 열거할 수 있다.

$$\omega, \omega + 1, \omega + 2, \ldots, \omega 2, \omega 2 + 1, \omega 2 + 2, \ldots, \omega 3, \omega 3 + 1, \ldots$$

이와 같은 방법으로

$$\omega, \omega 2, \omega 3, \omega 4, \ldots, \omega^2$$

를 얻는다. 이를 계속하면

$$\omega^2 + 1, \omega^2 + 2, \ldots, \omega^2 + \omega, \omega^2 + \omega + 1, \omega^2 + \omega + 2, \ldots, \omega^2 + \omega 2,$$

$$\omega^2 + \omega 2 + 1, \ldots, \omega^2 + \omega 3, \ldots, \omega^2 + \omega 4, \ldots, \omega^2 2, \ldots, \omega^3, \ldots, \omega^4, \ldots,$$

$$\omega^\omega, \ldots, \omega^{(\omega^\omega)}, \ldots, \omega^{(\omega^{(\omega^\omega)})}, \ldots, \varepsilon_0, \varepsilon_0 + 1, \varepsilon_0 + 2, \ldots, \varepsilon_0 + \omega, \ldots,$$

$$\varepsilon_0 + \omega 2, \ldots, \varepsilon_0 + \omega^2, \ldots, \varepsilon_0 + \omega^\omega, \ldots, \varepsilon_0 2, \ldots, \varepsilon_0 \omega, \varepsilon_0 \omega^\omega, \ldots, \varepsilon_0^2 \ldots$$

와 같이 계속된다.

문제 3.6.6. 위에 열거한 서수들이 $\mathbb{N}$과 대등한지 살펴보아라.

문제 3.6.7. 임의의 무한 기수, 즉 시작서수는 극한 서수임을 보여라. 또한, 그 역은 성립하지 않음을 보여라.

이제
$$\aleph_1 = \min\{\xi : \aleph_0 < \operatorname{card}(\xi) \leq 2^{\aleph_0}\}$$

라 정의하자. 그러면 $\aleph_1$은 기수가 되고, 다음

$$\aleph_1 > \aleph_0, \qquad \xi \in \aleph_1 \implies \operatorname{card}(S_\xi) \leq \aleph_0$$

이 성립한다. 이 성질은 수학의 여러 분야에서 반례를 만드는 데에 폭넓게 쓰인다. 유명한 **연속체 가설**은 $\aleph_1 = 2^{\aleph_0}$인가 하는 것을 묻는 것이다.

문제 3.6.8. $\aleph_1 = \sup\{\xi : \xi \approx \aleph_0\}$임을 보여라.

정리 2.1.2를 사용하면, 임의의 자연수 $n = 1, 2, \ldots$ 에 대하여

$$\aleph_n = \min\{\xi : \aleph_{n-1} < \operatorname{card}(\xi) \leq 2^{\aleph_{n-1}}\}$$

이라 정의할 수 있다. 또한,

$$\aleph_\omega = \sup\{\aleph_n : n < \omega\}$$

라 정의하면 새로운 기수를 계속 얻어나갈 수 있다. 정리 2.1.2를 서수들에 대하여 확장하면 임의의 서수 α에 대하여 기수 $\aleph_\alpha$를 계속 정의할 수 있고, 임의의 기수는 이러한 꼴로 표시할 수 있으나 여기서 그치기로 한다. 임의의 기수 α에 대하여 $\aleph_{\alpha+} = 2^{\aleph_\alpha}$인가 물어보는 것이 **일반 연속체 가설**이다.

지난 19세기 후반에 확립된 집합론에는 얼마 지나지 않아서 모순이 있음이 밝혀지기 시작하였다. 특히, 20세기 초에 알려지기 시작한 러셀의 모순은 집합론의 뿌리를 흔들기에 충분하였고, 사람들은 처음으로 집합의 '존재'에 대하여 의심을 품기 시작하였다. 이러한 위기를 극복하기 위하여 여러 가지 이론이 제기되었는데, 여기서는 공리적 방법을 살펴보기로 한다. 먼저 집합론의 공리들을 소개하고, 이러한 공리들이 어떻게 서로 관련되어 있는지 알아본다.

4.1 　집합론의 공리

다음과 같이 정의된 모임

$$S = \{x : x \notin x\}$$

을 생각하자. 만일 $S \in S$이면 정의에 의하여 $S \notin S$이다. 만일 $S \notin S$이면 역시 정의에 의하여 $S \in S$이므로 모순을 얻는데, 이를 **러셀**[1]**의 역설**이라 한다.

　좀더 구체적인 예로써 서수 전체의 모임 $\mathcal{O}$를 생각해보자. 만일 $\mathcal{O}$가 집합이라면 정리 3.6.5에 의하여 최소상계 ζ를 가진다. 그러면 임의의 서수 α에 대하여 $\alpha \leq \zeta$가 되는데, $\xi < \xi^{+}$이므로 모순이다. 따라서 $\mathcal{O}$는 집합이 아니다.

　이러한 예들은 집합을 함부로 만들 수 없음을 말해준다. 혹은 어떤 모임들은 집합으로서 존재하지 않음을 말해준다. 또 다른 예로써, 열 단어 이내로 나타낼 수 있는 자연수들의 모임 $\mathcal{N}$을 생각해보자. 우리말 단어가 유한 개이고 이러한 단어들을 열 개 이내로 늘어놓는 방법 역시 유한개이므로 $\mathcal{N}$에는 유한개의 자연수밖에 없다. 따라서

열 단어로 나타낼 수 없는 최소의 자연수

는 $\mathcal{N}$의 원소가 아니다. 그러나 이 자연수는 이미 아홉 단어로 나타내었으므로 $\mathcal{N}$의 원소가 되는데, 이를 **베리의 역설**[2]이라 부른다. 집합 X가 주어졌을 때 X의 원소들 가운데 어떤 성질을 가지는 원소들을 모아서 새로 집합을 만드는 방법을 수시로 사용하였는데, 이 역시 문제가 있음을 알 수 있다.

　이러한 역설들을 극복하는 데에는 여러 가지 방법이 있는데, 여기서는 공리적인 방법을 설명하기로 한다. 이러한 방법에 따르면 '원소', '집합' 등의 단어, 그리고, '$x \in X$' 등의 문장은 정의하지 않는다.

---

[1] Bertrand Arthur William Russell (1872~1970), 영국의 수학자, 철학자, 평화운동가. 케임브리지 (Cambridge)에서 공부하고 활동하였으나, 1차 대전 중 반전운동으로 인하여 대학에서 쫓겨난 후 투옥되기도 하였다. 1950년 노벨 문학상을 받았다. 괴델(Gödel)과 더불어 20세기 최고의 논리학자로 일컬어진다.

[2] George G. Berry (1867~?)는 옥스퍼드(Oxford) 도서관 사서였는데, 1904년 러셀에게 보낸 편지에서 이 역설을 언급하였다. 참고문헌 [15]를 참조하라.

- 존재공리 : 공집합이 존재한다.

이 공리에 의하여 적어도 하나의 집합이 존재함을 알 수 있다. 다음 공리는 두 집합 A, B가 언제 같은지, 즉 언제 $A = B$인지 설명한다.

- 확장공리 : 집합 A, B가 같을 필요충분조건은 $x \in A \iff x \in B$이다.

이제부터, 주어진 집합으로부터 새로운 집합을 구성해나갈 수 있는 근거가 되는 공리들을 제시한다. 먼저, 주어진 집합 X의 원소들 가운데 특별한 성질 $P(x)$를 만족하는 원소들의 집합

$$\{x \in X : P(x)\}$$

을 만들고자 한다. 그런데 이미 베리의 역설에서 살펴본 바와 같이 '성질'을 기술할 때 매우 조심해야 함을 알고 있다. 앞으로, 어떤 성질을 기술할 때에는 원소나 집합을 나타내는 변수 및 이들의 관계를 나타내는 $\in$과 다음 일곱 단어

$$\wedge \qquad \vee \qquad \neg \qquad \rightarrow \qquad \iff \qquad \exists \qquad \forall$$

만을 사용한다. 이 기호들을 일상 용어로 표현하면 다음과 같다.

1. $\cdots$ 그리고 $\cdots$

2. $\cdots$ 혹은 $\cdots$

3. $\cdots$ 가 아니다

4. $\cdots$ 이면 $\cdots$ 이다

5. $\cdots$ 일 필요충분조건은 $\cdots$ 이다

6. $\cdots$ 인 $\cdots$ 가 존재한다.

7. 임의의 $\cdots$ 에 대하여 $\cdots$ 이다.

지금까지 우리가 사용한 단어는 실제로 이런 것들뿐이고, 수학 전체에서 사용하는 단어들도 모두 이러한 일곱 단어들의 조합이다. 베리의 역설에 나오는 문장에서 '단어, 나타낸다' 등은 이러한 일곱 개로 표현할 수 없으므로 다음 공리에서 말하는 '성질'이 아니다. 따라서 베리의 역설에 나오는 자연수 모임 $\mathcal{N}$ 은 집합이 아니다.

- 함축공리 : 임의의 집합 X와 성질 $P(x)$에 대하여 $P(x)$가 성립하는 모든 $x \in X$ 들의 집합이 존재한다.

이제부터는 기존의 집합으로부터 보다 큰 집합을 만들 수 있는 근거가 되는 공리들을 제시한다.

- 짝공리 : 임의의 집합 X, Y에 대하여 $X \cup Y$는 집합이다.
- 합집합공리 : 임의의 집합 X에 대하여 $\bigcup \{x : x \in X\}$는 집합이다.
- 멱집합공리 : 임의의 집합 X에 대하여 $\mathcal{P}(X)$는 집합이다.

짝공리는 물론 합집합공리에서 바로 나온다. 다음 공리는 무한집합의 존재를 설명한다. 지난 2장의 성질 (2.2)를 만족하는 집합 $\mathcal{A}$를 **귀납집합**이라 부른다.

- 무한공리 : 귀납집합이 존재한다.

우리는 모든 귀납집합들의 교집합을 $\mathbb{N}$이라 정의하였는데, 무한공리는 바로 집합 $\mathbb{N}$이 존재함을 설명한다. 무한공리와 함축공리에 의하면,

$$\varnothing = \{x \in \mathbb{N} : x \neq x\}$$

는 집합이므로 존재공리가 유도된다. 따라서 지금까지 열거한 공리 가운데 존재 공리와 짝공리는 사실 다른 공리로부터 증명할 수 있지만, 관행상 공리라 부른다. 이제 마지막으로 치환공리를 소개한다.

- 치환공리 : 임의의 x에 대하여 성질 $P(x, y)$가 성립하는 y가 유일하게 존재한다고 가정하자. 그러면, 임의의 집합 X에 대하여 다음 성질

  임의의 $x \in X$ 에 대하여 $P(x, y)$ 가 성립하는 $y \in Y$ 가 존재한다

  를 만족하는 집합 Y 가 존재한다.

만일 $P(x, y)$가 성립하는 유일한 y를 $F(x)$라 쓰면 치환공리에 의하여 다음 집합

$$\{y \in Y : y = F(x) \text{ 를 만족하는 } x \in X \text{ 가 존재한다}\}$$
$$= \{y \in Y : P(x, y) \text{ 가 성립하는 } x \in X \text{ 가 존재한다}\}$$
$$= \{y : P(x, y) \text{ 가 성립하는 } x \in X \text{ 가 존재한다}\}$$

이 존재함을 알 수 있다.

문제 4.1.1. 정리 3.6.3의 증명에 나오는 $S = \{\alpha(a) : a \in A\}$가 집합임을 보여라.

지금까지 제시한 존재공리, 확장공리, 함축공리, 짝공리, 합집합공리, 멱집합공리, 무한공리, 치환공리 등 여덟 개로 이루어진 공리계는 체르멜로와 프랜켈[3]이 제안한 것을 다듬은 것인데 이를 보통 **ZF 공리계**라 부른다. 여기에 선택공리를 합하여 **ZFC 공리계**라 부르는데, 수학의 거의 모든 분야는 이 아홉 공리에 기초한다. 군이 예외를 지적하자면 카테고리, 혹은 범주 이론을 들 수 있다.

문제 4.1.2. 기수 전체의 집합이 존재하지 않음을 보여라.

문제 4.1.3. 벡터공간 전체의 집합이 존재하지 않음을 보여라.

문제 4.1.4. 집합 전체의 집합이 존재하지 않음을 보여라.

문제 4.1.5. 다음 문장 '예외 없는 규칙은 없다'에서 모순을 찾아라.

4.2   무모순성과 독립성

어떤 이론을 전개하기 위하여 공리계를 도입할 때 몇 가지 중요한 문제가 대두된다. 첫째는 주어진 공리들로부터 모순된 명제가 유도되지 않아야 한다는 것인데, 이러한 성질을 **무모순성**이라 한다. 만일 서로 모순되는 명제가 유도된다면 아무런 의미가 없을 것이다. 또 한 가지는 어느 한 공리가 다른 공리들로부터 유도될 수 없어야 한다는 것인데, 이러한 성질을 **독립성**이라 한다. 만일 어느 한 공리가 다른 공리들로부터 유도된다면 이는 처음부터 공리에 넣을 필요가 없다. 예를 들면 존재공리는 다른 공리들로부터 유도될 수 있지만, 관례상 공리라고 부르는 것이다. 어떤 공리계 안에서 명제 P를 증명하는 것도 불가능하고 그

---

3) Adolf Abraham Halevi Fraenkel (1891~1965), 독일 태생의 이스라엘 수학자. 베를린, 뮌헨 등에서 공부하고 마르부르크(Marburg)에서 활동하다가, 1929년 이후 예루살렘에서 활동하였다.

부정 $\neg P$를 증명하는 것도 불가능하면 P는 그 공리계 안에서 **결정불가능**한 명제라 말한다. 어떤 공리계가 결정불가능한 명제를 가지지 않을 때, 그 공리계가 **완전성**을 가진다고 말한다.

세 개의 명제 P_1, P_2, P_3가 주어져 있다고 하자. 만일 세 명제를 모두 만족하는 모델이 있으면 세 명제 사이에 모순이 없음을 알 수 있다. 이 경우, P_1, P_2로부터 $\neg P_3$를 증명하는 것은 불가능하다. 또한, $P_1, P_2, \neg P_3$를 모두 만족하는 모델이 있으면, P_1, P_2로부터 P_3를 증명하는 것은 불가능하다.

한 가지 쉬운 예를 들어보자. 집합 X와 그 집합에 정의된 관계 $<$에 대하여 다음 명제들

(P_1) 임의의 $x, y \in X$에 대하여 $x < y$와 $y < x$가 동시에 성립하지 않는다,

(P_2) 임의의 $x, y, z \in X$에 대하여 $x < y$이고 $y < z$이면 $x < z$이다,

(P_3) 임의의 $x, y \in X$에 대하여 $x < y$, $x = y$, $y < x$ 중 하나가 성립한다

를 생각해보자. 모델 $(2^{\{0,1\}}, \subsetneq)$을 생각하면 P_1, P_2를 만족하지만 P_3를 만족하지 않는다. 따라서 P_1, P_2로부터 P_3를 증명할 수 없다. 한편, 모델 $(2^{\{0\}}, \subsetneq)$은 P_1, P_2를 만족하지만 $\neg P_3$를 만족하지 않으므로 P_1, P_2로부터 $\neg P_3$를 증명할 수 없다. 따라서 P_3는 공리계 $\{P_1, P_2\}$ 안에서 결정불가능하다.

독일 수학자 힐베르트[4]는 1900년 8월 프랑스 파리에서 열린 제2회 국제 수학자 대회에서 스물세 문제를 제시하였다. 그 첫 문제가 연속체의 기수를 묻는 연속체 가설이었고, 둘째 문제가 산술 체계의 무모순성을 묻는 것이었다. 힐베르트는 산술 체계의 무모순성을 증명함으로써 집합론의 무모순성 더욱 나아가서 수학의 무모순성을 증명할 수 있으리라 믿었다. 그러나 괴델[5]은 1931년 놀라운 결과를 발표하였는데, 이는 괴델의 **불완전성** 정리라 불린다.

정리 4.2.1. 페아노 공리계가 무모순이면 그 공리계 안에서 결정불가능한 명제가 존재한다.

---

4) David Hilbert (1862~1943), 독일 수학자. 쾨니히스베르크(Königsberg, 현재 러시아 영토)에서 공부하고 이곳과 괴팅겐 대학에서 활동하였다. 그에 관한 전기로 [29]가 있다.

5) Kurt Gödel(1906~1978), 오스트리아 출신의 미국 수학자. 비엔나에서 공부하고 활동하다가 미국으로 건너가서, 프린스턴(Princeton)에서 활동하였다. 참고문헌 [19]를 참조하라.

즉, 괴델은 산술 체계의 무모순성과 완전성이 양립할 수 없음을 보인 것이다. 혹자는 페아노 공리계에 다른 공리를 추가하면 해결되지 않느냐고 반문할지 모르나, 무모순성이 유지되는 공리를 추가하면 다시 또 결정불가능한 명제가 존재한다. 즉, 페아노 공리계에 아무리 공리를 추가하여도 무모순성과 완전성을 동시에 만족시킬 수 없다는 것이 불완전성 정리의 핵심이다. 괴델은 더 나아가서 1938년 다음을 보였다.

정리 4.2.2. 만일 ZF 공리계가 무모순이면 ZFC 공리계도 무모순이다.

다시 말하여, ZF 공리계에서 모순이 발견되지 않는다면 ZFC 공리계에서도 모순이 발견될 수 없다는 것이다. 이는 ZF 공리계에서 선택공리를 받아들이는 것이 안전함을 뜻한다. 괴델은 연속체 가설 역시 ZF 공리계에서 받아들이는 것이 안전함을 보였다. 연속체 가설은 $c = \aleph_1$ 이 성립하는가 묻고 있는데, 칸토어는 이를 증명하려고 무던히도 애를 썼지만 실패하였다. 이제, ZFC 공리계에 $c = \aleph_n$ 를 더한 공리계를

$$ZFC + (c = \aleph_n)$$

이라 쓰자. 그러면 연속체 가설이 안전하다는 괴델의 결과는 다음과 같이 쓴다.

정리 4.2.3. 만일 ZF 공리계가 무모순이면 $ZFC + (c = \aleph_1)$ 공리계도 무모순이다.

여기까지 보면 $c = \aleph_1$ 을 ZF 공리계 안에서 부정할 수 없다고 이해할 수 있다. 즉, $c \neq \aleph_1$ 을 증명할 수 없다는 말이다. 아직까지 $c = \aleph_1$ 이 ZF 공리계 안에서 독립적인지 알 수 없었다. 즉, ZF 공리계 안에서 $c = \aleph_1$ 의 증명이 가능한지 알 수 없었다. 그런데 코헨[6]은 1963년 다음을 증명하였다.

정리 4.2.4. 만일 ZF 공리계가 무모순이면, 임의의 자연수 n 에 대하여 $ZFC + (c = \aleph_n)$ 공리계도 무모순이다.

즉, ZF 공리계 안에서

$$c = \aleph_1, \quad c = \aleph_2, \quad c = \aleph_3, \quad \ldots$$

---

6) Paul Joseph Cohen(1934~   ), 미국 수학자. 시카고에서 공부하고 스탠퍼드(Stanford)에서 활동하였다. 1966년 모스크바에서 열린 국제 수학자 회의에서 필즈상을 받았다.

중 어느 것을 공리로 채택해도 안전하다는 것이다. 이는 $c = \aleph_1$ 이 ZF 공리계 안에서 증명될 수 없음을 말하는 것이다. 따라서 우리는 ZFC 공리계 안에서 $c = \aleph_1$ 을 증명하는 것도 불가능하고 $c \neq \aleph_1$ 을 증명하는 것도 불가능함을 알았다. 즉, 명제 $c = \aleph_1$ 은 ZFC 공리계 안에서 결정불가능한 명제이다.

요약하면 괴델은 연속체 가설의 무모순성을 보였고(물론 ZF 공리계가 무모순이라는 가정 하에서), 코헨은 연속체 가설의 독립성을 보였다. 괴델과 코헨의 방법을 소개하는 것은 이 책의 수준을 넘는다.

유클리드 기하는 평행선 공리의 부정을 다른 공리로부터 증명하는 것이 불가능함을 말해준다. 고대 그리스 시대 이래 많은 수학자들이 평행선 공리를 증명하려고 무던히 애를 썼다. 그러나 19세기에 발견된 비유클리드 기하는 평행선 공리를 부정해도 전혀 다른 기하학이 만들어질 수 있음을 말해주는데, 이는 바로 평행선 공리를 다른 공리들로부터 증명하는 것이 불가능함을 말해준다. 앞에서 설명한 연속체 가설도 평행선 공리와 같은 위치에 있음을 알 수 있다.

참고 문헌

[1] 김명환·김홍종, 현대수학입문 - 힐베르트 문제를 중심으로, 경문사, 2000.

[2] 김성기·계승혁, 실해석, 서울대학교 출판부, 1999.

[3] 김성기·김도한·계승혁, 해석개론, 개정판, 서울대학교 출판부, 2002.

[4] 김정수, 수의 체계, 강의록, 서울대학교, 1976.

[5] 정주희, 수리논리학, 강의록, 경북대학교, 1999.

[6] 정주희, 집합론, 강의록, 경북대학교, 2001.

[7] 최형인, 정보사회와 수학, 강의록, 서울대학교, 2002.

[8] J. Barwise(ed.), *Handbook of Mathematical Logic*, North-Holland, 1977.

[9] B. Belhoste, *Augustin-Louis Cauchy, A Biography*, Springer-Verlag, 1991.

[10] G. Cantor, *Contributions to the Founding of the Theory of Transfinite Numbers*, Dover, 1955.

[11] P. J. Cohen, *Set Theory and the Continuum Hypothesis*, W. A. Benjamin, 1966.

[12] J. W. Dauben, *Georg Cantor. His Mathematics and Philosophy of the Infinity*, Harvard University Press, 1979.

[13] H. B. Enderton, *Elements of Set Theory*, Academic Press, 1977.

[14] A. A. Fraenkel, Set Theory and Logic, Addison-Wesley, 1966.

[15] A. R. Garciadiego, Bertrand Russell and the Origin of the Set-Theoretical 'Paradoxes', Birkhäuser, 1992.

[16] B. R. Gelbaum and J. M. H. Olmsted, *Counterexamples in Analysis*, Holden-Day, 1964.

[17] K. Gödel, *The Consistency of the Continuun Hypothesis*, Ann. Math. Study no. 3, Princeton Univ. Press, 1940.

[18] P. R. Halmos, *Naive Set theory*, Univ. Text Math., Springer-Verlag, 1974.

[19] D. R. Hofstadter, *Gödel, Escher, Bach: An Eternal Golden Braid*, Basic Books Inc., 1979. [번역 : 박영성 역, 괴델, 에셔, 바흐, 까치, 1999.]

[20] K. Hrbacek and T. Jech, Introduction to set theory, 3/e, Monographs Textbooks Pure and Appl. Math., Vol. 220, Marcel Dekker, 1999.

[21] T. Jech, *Set Theory*, Academic Press, 1978

[22] R. Kałuzà, *The Life of Stefan Banach. Through a Reporter's Eyes*, Translated from the Polish by A. Kostant and W. Woyczyńsky, Birkhäuser, 1996.

[23] I. Kaplansky, *Set Theory and Metric Spaces, 2/e*, Chelsea, 1977.

[24] N. H. McCoy, *The Theory of Numbers*, Macmillan, 1965.

[25] T. N. Moschovakis, *Notes on Set Theory*, Univ. Text Math., Springer-Verlag, 1994.

[26] C. C. Pinter, *Set Theory*, Addison-Wesley, 1971.

[27] K. Podnieks, *Around Gödel's Theorem*, Lecture Note, http://www.ltn.lv/ podnieks

[28] M. H. Protter and C. B. Morrey, *A First Course in Real Analysis*, Undergraduate Text Math., Springer-Verlag, 1977.

[29] C. Reid, *Hilbert*, Springer-Verlag, 1970. [번역 : 이일해 역, 힐버트, 민음사, 1989.)

[30] W. A. Rudin, *Principles of Mathematical Analysis, 3/e*, McGraw-Hill, 1976.

[31] J. R. Shoenfield, *Mathematical Logic*, Addison-Wesley, 1967.

[32] R. V. Vaught, *Set Theory*, Birkhäuser, 1985.

찾아보기

저자와의
합의하에
인지를
생략합니다

집합과 수의 체계

지은이　계승혁

펴낸이　조경희

펴낸곳　경문사

펴낸날　2015년　9월　20일　1판 1쇄

　　　　2023년　9월　10일　1판 5쇄

등　록　1979년 11월　9일　제1979-000023호

주　소　04057, 서울특별시 마포구 와우산로 174

전　화　(02)332-2004　팩스 (02)336-5193

이메일　kyungmoon@kyungmoon.com

값 11,000원

ISBN 978-89-6105-924-4